基于本体与物联网的冶金炼焦过程语义化及建模应用研究

甘健侯　著

U0333860

科学出版社

北　京

内 容 简 介

炼焦是钢铁冶金生产中的重要过程,其产出的焦炭质量直接影响后续炼铁工艺的效能和质量。而炼焦生产过程的稳定运行及优化管理则是决定焦化产品质量和工艺能耗等重要指标的关键因素。研究炼焦生产过程的语义化及其相关建模应用研究,对促进冶金工业生产的信息化和智能化建设具有重要意义。

本书着眼于炼焦全流程,围绕数据如何获取、信息如何表征、知识如何应用三个科学问题,基于语义本体和描述逻辑引入物联网等技术,研究炼焦生产过程现场数据采集及语义化处理、炼焦过程知识的形式化描述、领域本体知识库构建、炼焦过程知识的语义推理方法;最后从炼焦过程实际出发,在炼焦过程的基础数据管理、多源异构资源处理、海量知识处理以及耗热量影响因素优化等方面进行语义化应用研究,并针对三家大型钢铁企业炼焦生产的实际数据进行实验验证。

本书可供冶金信息化、本体及物联网应用研究领域的教师、研究生及其他相关科研工作者阅读和参考。

图书在版编目 (CIP) 数据

基于本体与物联网的冶金炼焦过程语义化及建模应用研究 / 甘健侯著. —北京:科学出版社,2018.9
ISBN 978-7-03-057157-1

Ⅰ. ①基… Ⅱ. ①甘… Ⅲ. ①炼焦 Ⅳ. ①T522.1

中国版本图书馆 CIP 数据核字 (2018) 第 078678 号

责任编辑:闫 悦 / 责任校对:郭瑞芝
责任印制:张 伟 / 封面设计:迷底书装

科 学 出 版 社 出版
北京东黄城根北街 16 号
邮政编码:100717
http://www.sciencep.com

北京建宏印刷有限公司 印刷
科学出版社发行 各地新华书店经销

*

2018 年 9 月第 一 版 开本:720×1 000 B5
2019 年 5 月第二次印刷 印张:12
字数:242 000
定价:72.00 元
(如有印装质量问题,我社负责调换)

前　　言

冶金炼焦过程不仅是一个复杂性系统，而且各个子过程之间具有强关联性，加之炼焦现场较恶劣的生产环境，影响炼焦生产各个过程的因素很多，结果与因素之间的关系表现存在滞后，导致炼焦过程难以构建精确的智能化控制模型。同时炼焦过程监测人工参与度较高，尤其一些工艺参数的自动测量相对困难。因此，针对炼焦过程存在的特征和问题，研究一种基于本体和物联网技术的炼焦过程语义化建模与应用方法是本书需解决的关键技术和问题，也是本书的创新性所在，主要包括以下三个方面。

(1)结合可拓理论提出了面向炼焦过程的扩展描述逻辑 DL-MCP，给出扩展描述逻辑 DL-MCP 的形式化公理体系，并对炼焦过程进行形式化描述，构建并实现了炼焦过程本体知识库，在炼焦过程的语义形式化方面理论研究有创新。

(2)基于物联网技术设计并构建了炼焦生产过程现场数据采集智能化网络，实现对炼焦现场复杂环境下的数据实时、准确地收集，突破了传统技术、方法的局限性，解决了因现场环境恶劣、人员难以到达、硬件设备受限等因素导致的数据监测精确度低、实时性差等问题，在炼焦生产过程方面物联网技术集成应用有创新。

(3)以炼焦全过程的信息语义化管理与应用为切入点，提出了炼焦过程的知识语义化表示、语义知识推理机制和检索服务模型，最后将炼焦过程语义化在基础数据管理、多源异构信息资源处理、海量知识处理以及耗热量影响因素优化等方面进行了应用。这为冶金炼焦过程的语义化、智能化提供了行之有效的方法，对冶金行业生产过程的语义化、智能化、规范化、科学化管理具有借鉴作用。

本书共 7 章：第 1 章为绪论，主要介绍本书研究背景、国内外研究现状及主要研究内容；第 2 章为基于扩展描述逻辑的炼焦过程语义化研究，主要介绍扩展描述逻辑 DL-MCP 公理体系及炼焦过程所涉及的知识形式化描述，为炼焦过程语义化管理、推理及应用提供逻辑基础；第 3 章为基于物联网的炼焦过程数据采集与语义化处理研究，主要包括冶金过程数据采集网络设计、炼焦过程数据感知与传感网络构建、基于 ZigBee 的炼焦过程组网与网络通信和炼焦过程物联网及传感器网络数据语义化处理，为炼焦过程语义化管理及应用提供自动化、智能化数据采集模型与方法；第 4 章为炼焦过程信息语义化管理，基于对三家大型钢铁企业的实地调研，通过炼焦过程数据库结构设计、炼焦过程数据库到本体库的转换、炼焦过程本体库构建与本体知识的存储以及炼焦过程本体映射问题研究对炼焦过程信息语义化管理进行论述，为基于本体的炼焦过程语义推理和检索服务奠定基础；第 5 章为基于本体的炼焦过程语义推理与检索服务研究，主要包括基于本体的炼焦过程语义推理、炼焦过程的知识检索以及基于语义的炼焦过程知识服务模型研究，为后续的炼焦过程语义化应用提供有效的机制和方法；第 6 章为基于本体的炼焦过程语义化应用研究，在炼焦过程语义推理的基础上，针对炼焦过程实际存在的几个关键问题进行应用研究和实验验证；第 7 章为结论与展望，主要对本书的内容进行总结，并结合实际存在的问题提出一些可深入研究的思路。

在本书的写作过程中，谢刚教授在选题、构思和修改等方面给予了大力支持和帮助；李荣兴教授、唐晓宁副教授、俞小花副教授在基础数据获取、生产调研等方面给予了悉心指导；另外，还得到了文斌、袁凌云、周菊香、邹伟、夏跃龙、唐明靖以及云南师范大学民族教育信息化教育部重点实验室各位同事的大力支持；除此之外还得到了许多同行和业内人士的大力支持和帮助，在此深表感谢。同时，特别感谢云南师范大学民族教育信息化教育部重点实验室及云南省高校民族教育与文化数字化支撑技术工程研究中心等研究基地，以及国家自然科学基金项目(61562093)和云南省应用基础研究计划重点项目(2016FA024)的资助。

由于作者水平有限，书中难免会有不足之处，敬请广大读者批评和指正。

甘健侯

2017 年 8 月

目　　录

第1章 绪 论

1.1 研 究 背 景

1.1.1 冶金炼焦过程信息化与智能化现状分析

1. 冶金行业信息化现状

进入 21 世纪,中国冶金行业面临国内外竞争加剧、产能增长过量、市场需求增长过缓、供大于求、利润空间缩小、物流成本上升,以及资源、能源和环境约束等一系列挑战,这意味着冶金行业迫切需要进行结构调整,加大信息化力度,以提升管理水平、增强竞争优势[1]。

冶金行业在利用新兴信息技术改造传统产业方面起步较早,20 世纪 80 年代初,宝钢等一大批大型钢铁企业在炼钢、烧结等生产工艺环节上已经实现了可编程逻辑控制器(programmable logic controller,PLC)控制,并建成了管理信息系统(management information system,MIS)。在冶金工业自动化过程中,先进的一体化系统逐渐代替了传统的电控、仪控和通信系统,仿真技术和人工智能技术等新技术在钢铁工艺各个环节中的应用已取得重大突破。能源监管系统和可视化监控系统在企业生产、经营活动中发挥了高效作用,互联网制造执行系统(manufacturing execution systems,MES)、过程控制系统(process control systems,PCS)、企业资源规划系统(enterprise resource planning,ERP)和能源管理系统(energy management system,EMS)等广泛应用于钢铁企业管理,中国冶金行业的信息化建设正迈向一个新的高度[2]。

然而相比之下,国外钢铁企业信息化发展普遍更早,自 20 世纪 70 年代以来,其信息化建设主要经历了信息系统起步阶段、应用功能横向扩展阶段、应用功能纵向扩展阶段和集成信息系统阶段等四个发展阶段。中国钢铁行业的信息化建设相对发达国家起步要晚 10~15 年,其信息化发展大致可分为两个阶段:2000 年以前是探索阶段,2000 年以后是发展并逐步走向成熟阶段,图 1.1 为国内外钢铁企业信息化发展历程[2]。

近年来,在两化融合的战略目标下,以信息化带动工业化,工业生产过程自动化、智能化、管理信息化和管控一体化等方面都取得了一些进步[3,4],然而和国外钢铁企业信息化的发展相比,国内钢铁企业生产过程的信息化程度普遍偏低。近十年来,国内各类型钢铁企业经历了迅速扩展、产能扩大的飞速发展过程,又经历了压缩产能、结构重组阵痛等。目前,大型钢铁联合集团的先进主体企业已基本实现了管理一体化,而重组过程中的老旧企业和中小企业由于技术落后、规模较小、资金薄弱等多方面因素,仍没有实现企业的信息化管理。目前钢铁行业产能过剩、能源消耗高、浪费严重、利润率低,企业市场竞争力随着市场波动受到严重的影响。全国钢铁产量不断增长的状态已经过去,开始压缩钢铁产量,表 1.1[5]所示为 1998~2015年全国钢铁产量统计表。其中,2015 年钢铁产量开始出现下滑状态。这样的发展趋势说明,在国民经济新常态发展、注重环保和低碳要求的今天,企业生产及管理的信息化势在必行,并已成为企业生存与发展的决定因素,将直接影响企业生产的效益。

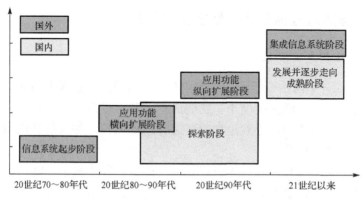

图 1.1 国内外钢铁企业信息化发展历程

表 1.1 全国钢铁产量统计

年度	生铁产量/万吨	粗钢产量/万吨	钢材产量/万吨
2015 年	69141.30	80383.00	112350.00
2014 年	71374.78	82230.63	112513.12
2013 年	71149.88	81313.89	108200.54
2012 年	66354.40	72388.22	95577.83
2011 年	64050.88	68528.31	88619.57
2010 年	59733.34	63722.99	80276.58
2009 年	55283.46	57218.23	69405.40
2008 年	47824.42	50305.75	60460.29
2007 年	47651.63	48928.80	56560.87
2006 年	41245.19	41914.85	46893.36
2005 年	34375.19	35323.98	37771.14
2004 年	26830.99	28291.09	31975.72
2003 年	21366.68	22233.60	24108.01
2002 年	17084.60	18236.61	19251.59
2001 年	15554.25	15163.44	16067.61
2000 年	13101.48	12850.00	13146.00
1999 年	12539.24	12426.00	12109.78
1998 年	11863.67	11559.00	10737.80

2. 冶金行业智能化现状

现代信息技术的不断进步促使人工智能领域获得了进一步发展,人工智能已发展成为一门广泛交叉的前沿科学,并在很多领域有着广泛的应用,其中智能自动化是人工智能的一个重要应用领域。冶金智能化是人工智能技术在冶金自动化中的重要应用,与其密切相关的人工智能领域包括专家系统、计算智能、分布式人工智能、机器学习、机器人学、模式识别与机器视觉、智能控制、智能决策与调度和智能信息管理等多个方面[6-8]。

(1)冶金专家系统。

专家系统是一类智能计算机程序系统,由知识库、综合数据库、推理机、解释器和接口五个部分组成。基于规则的专家系统是专家系统的典型代表,也是冶金专家系统的基础技术。在冶金工业生产中专家系统已被普遍应用,许多先进的高炉系统[9,10]已在美国、德国、日本、印度和中国等国被开发和应用,例如,基于 Volterra级数的高炉系统数据驱动建模、高炉热风炉流量设定、高炉炉温预测、铁水含硅量、预报数据采集处理、布料状态评估、炉况分析与监控、诊断与决策支持等专家系统,用以实现高炉炼铁过程的智能化[2]。专家系统还广泛应用于冶金生产的其他领域[11],如转炉氧枪吹炼、炉外精炼、铁水脱硫烧结矿配料优化、链条炉控制策略、冶金工厂设计、焊接工艺设计、冶金机械故障诊断、铝电解槽参数优化与控制等。

(2)基于模式识别与机器视觉的冶金生产系统。

在国外,模式识别与机器视觉技术广泛应用于冶金生产过程中[12,13]。例如,西班牙 Oviedo 大学采用数据挖掘和机器视觉技术提出了一种焊接测试智能决策支持系统,该系统需要提取过程数据和红外摄像数据,建立一个用于估计焊接可靠性的目标模型,并用于冷轧带钢焊接测试的操作者在线支持智能系统。该系统能够减少30%不必要的重复焊接,从而达到在提高生产率的同时降低生产成本。国内也出现了一些基于模式识别与机器视觉的冶金生产系统,如用于冶金材料结构识别与成分分析的智能系统,以及用于冶金生产过程的监控及产品质量检验和蒸汽管网压降系数辨识的智能系统等。

(3)冶金智能机器人。

由于大部分工业生产都在高温、有毒、危险等恶劣环境中进行,因此工业机器人已在工业生产和制造行业进行了应用。近年来,发展机器人学的雄伟计划在先进工业国家首先推出,中国也不甘落后,制定了智能制造等发展战略,鼓励更多学者在智能机器人领域进行探索和研究。令人鼓舞的是,在上海举行的 2013 年中国国际金属成型展览会上[14],工业机器人在铸造自动化生产线上的应用首次亮相。

3. 冶金炼焦过程智能化管理与控制研究现状

随着计算机技术和相关智能化技术的发展,模糊逻辑、人工神经网络、进化计算及其集成智能化模型等先进管理技术也慢慢被引入冶金过程管理和冶金工业生产，包括对冶金生产过程的建模和控制等，以期实现其自动化、智能化管理与控制[15]。炼焦工业过程自动化和智能化管理与控制作为冶金过程中最为复杂也最为关键的环节，吸引了国内外很多学者进行相关的研究和探索，研究最多的主要集中在对智能化要求较高的集气管压力控制[16-23]、推焦作业调度[24-28]和加热燃烧过程控制[29-43]三个子过程。

上述研究基本都是侧重于某个子过程控制进行研究，很少从整个炼焦过程去考虑。随着对炼焦生产流程研究的不断深入，已有一些研究者着眼于整个炼焦过程，考虑炼焦生产各个子过程的控制及其对整个过程的控制及优化。严文福等通过对焦炉加热的热工特性、气体流动原理等进行深入的研究与分析，从炼焦过程的最核心目标即焦炭质量方面考虑，构建了目标火道温度线性模型[44]。Jin 等采用变焦混沌优化方法，以炼焦过程的又一核心目标即耗能最小化为目标，从配煤过程煤水含量配比、作业结焦时间寻优及结焦最佳温度为考虑前提，构建最佳火道温度设定模型[45]。鲍立威等提出基于人工神经网络自学习的结焦终点在线预报模型[46]。李爱平等采用多元线性回归与改进 BP 神经网络方法建立了炼焦生产过程非线性不等式约束的多目标优化模型，从而达到优化焦炭产量和焦炉能耗的目标[47]。赖旭芝等提出了一种基于多目标遗传算法的炼焦生产过程优化控制，他们以焦炭产量最大化、焦炉能耗最小化为优化目标，把焦炭质量与生产工艺作为约束条件，利用多目标遗传算法求解多目标优化问题，获得局部优化目标值的方法[48]。李公法等提出了一种通过 Agent 以及 Agent 之间的协调优化实现冶金炼焦生产过程的智能控制技术[49]。刘俊提出了一种包括基础自动化层、过程控制优化层和综合生产目标优化与集中监视层的三级拓扑结构，并基于该结构建立了炼焦生产过程智能优化控制实验系统[50]。

1.1.2 存在的问题

当前冶金行业信息化与智能化还存在以下三点核心问题。

1. 冶金行业"信息化孤岛"问题严重

尽管近年来冶金企业的信息化建设取得了长足进步，但也存在不少问题，其中，普遍而突出的一个问题就是，冶金行业局部"信息化孤岛"严重。例如，一些企业虽然实现了生产过程自动化控制，但生产管理依然通过人工作业完成；一些企业车间/工厂一级的生产执行系统严重缺乏，使得生产人员优化、细分和执行生产计划无法得到应有的帮助；有些不能及时监控和保留生产过程信息，使得企业资源规划（enterprise resource plan，ERP）系统不能很好地运行，从而达不到企业资源优化的目标。诸如此类的问题在很多冶金企业中都存在，企业的信息化出现了只实现局部优化却没实现全局优化、只提高了部门效率却没有提高整体效益的局面，使得生产效率和效益的进一步提升受到了严重的制约[1]。当前，中国的冶金行业正在经历着深刻的变革和严峻的挑战，迫切期望通过迅速而成功的信息化建立"冶金企业信息化一体化"和"一站式解决方案"，提升企业的竞争力。

2. 炼焦过程缺乏针对全流程的管控

钢铁冶金过程是一个典型的复杂系统，包括炼焦、烧结、炼铁、炼钢、热轧钢、冷轧钢等。其中，尤以炼焦过程最为关键，也最为复杂。作为复杂工业过程的典型代表，炼焦生产过程具有强非线性、大惯性、强耦合、慢时变等特征，其过程机理复杂，设计精确的工业对象数学模型十分困难，从而导致难以根据数学模型对整个生产过程进行有效管理与控制。由于炼焦工艺流程长、工艺对象机理复杂，现有技术人多只是对某个工段、某个子过程进行信息化、智能化管控，尤以模糊控制、神经网络、专家系统、软测量技术、智能优化算法等计算智能技术在冶金过程管理中的应用最为广泛[15-43]。

然而，由于炼焦生产各个局部过程之间具有复杂的耦合关系，其中任何一个子过程异常情况的出现都将直接影响其他过程的正常生产，因此针对某个局部过程的管理依然缺乏全局有效性。而在当前的研究与应用中，要么是针对炼焦过程的某个子过程而进行，要么是针对炼焦过程的某个控制目标而进行优化控制研究，很少有研究能从整个炼焦全流程出发，并且基本都是从纯控制角度考虑，很少考虑现场数据的自动、实时收集和有效利用问题，系统地考虑整个炼焦生产过程的智能化管理与控制。但焦炭的质量、产量及能耗等指标直接受到炼焦生产过程管理是否有效的影响，是各种生产要素和控制因素综合作用的结果。另外受节能降耗、优化产能等影响，焦炭产量从 2014 年出现下滑，尤其是 2015 年焦炭产量同比下滑约 8%，表 1.2[51] 为全国 2000~2015 年焦炭生产量统计。

表 1.2 全国焦炭产量统计

年份	焦炭产量/万吨
2015 年	44778.00
2014 年	47980.86
2013 年	48179.38
2012 年	43831.45
2011 年	43433.00
2010 年	38657.83
2009 年	35744.05
2008 年	32313.94
2007 年	33105.28
2006 年	30074.36
2005 年	26511.70
2004 年	20619.00
2003 年	17775.71

续表

年度	焦炭产量/万吨
2002 年	14279.81
2001 年	13130.70
2000 年	12184.02

因此，冶金炼焦过程中迫切需要寻求一种更为有效的针对全过程的智能化管理与控制方法。

3. 物联网等新一代技术在冶金炼焦过程应用不够广泛

钢铁企业信息化的重要目标和核心任务是"产供销一体、管控衔接、三流同步"。信息化的关键在于将销售、质量、计划、生产、财务成本、制造执行、资产管理、能源环保管控、设备故障诊断、安全防护等重点业务管理进行有机集成[2]，其中物联网等新一代信息技术成为实现钢铁企业信息化重要目标和任务的关键技术。

物联网是一种实现对物品的智能化识别、定位、跟踪监控和管理的网络，它将物品与互联网相连接并进行信息交换和通信，其关键技术包括射频识别技术、无线传感网络技术和云计算技术等，已成功应用于多个领域。在钢铁企业信息化建设中，物联网等新一代信息技术也将迅速全面地推广应用。在工业化和信息化建设的经验与成果和已有的物联网良好应用的基础上，各种传感器和通信网络在中国冶金行业得到了探索性的应用，例如，在生产过程中通过物联网实现对加工产品的宽度、厚度、温度实时监控，对生产、运输设备进行定位、跟踪、监控管理，提高产品质量、优化生产流程、促进节能减排，提高安全生产水平。目前，物联网等技术在冶金炼焦过程的应用还不够广泛，未来几年，冶金行业将成为物联网应用的重要领域[3]。

1.1.3 关键科学问题

结合冶金炼焦过程信息化与智能化现状，为了更好地解决现存几方面的问题，本书围绕以下三个关键科学问题展开相关理论及应用研究。

(1) 在生产环境复杂的情况下，针对炼焦过程数据量大，存在"各环节技术参数和数据如何全面、准确和实时获取"的问题。

冶金炼焦是一个极其复杂的系统工程，整个炼焦过程包括焦炉加热燃烧过程监测、焦炉煤气收集过程监测、焦炉装煤/推焦过程监测、焦炉熄焦过程监测等多个工艺环节，而每个环节均产生若干技术参数和数据。然而，对于炼焦生产过程，炼焦工艺本身的复杂性、现场环境因素的影响及当前炼焦企业所用技术的局限性等往往导致数据采集大量由人工完成，且数据不全面，准确性和实时性较差。数据已经成为新时代重要的"金矿"，在信息化与智能化过程中起着至关重要的作用，数据的不全面、不准确、不及时将有可能给后续分析带来严重的偏差和延迟。因此，从实现考虑，如何低成本、高效能地充分获取炼焦全流程的数据是本领域实现信息化和智能化的一个关键科学问题。

(2) 所获取的数据需进行加工、表示和转化为有效的、可处理的信息，针对炼焦全过程进行语义化描述的要求，存在"信息如何表征、语义要素的提取"的问题。

拥有海量数据只是进行分析应用的基础，从看起来杂乱无章的数据到有意义的且具有高层语义特征的信息需要建立一套完整的信息表达体系。在炼焦过程中，将所获取的数据表示为炼焦过程的相关知识并对其进行形式化描述是一个重要难题。同时，这种形式化描述所对应的逻辑模型应具有完整的语法、语义以及公理体系，并可以推导出一系列的定理，具备系统级的完备性。因此，如何构建这样的知识描述体系，有效地将所获取的数据转化为具有语义特征的有效信息，实现语义化要素的提取，并对炼焦全过程进行语义化描述是另一个关键科学问题。

(3) 对于炼焦过程所构建的知识需要进行组织、管理与存储，进而服务于炼焦生产管理，因此存在"知识体系的构建和应用"的问题。

孤立的信息并不能直接用于指导生产应用。如何在知识之间建立有效关联，形成完整的知识体系，对其进行组织、管理与存储，是一个难题。同时，如何进行知识之间的转换，并结合实际应用和已有的专家知识形成一套完备的知识推理机制，并对知识进行推理与检索服务，使得单一、独立的信息上升为有价值的知识，并进而指导冶金炼焦产业的应用过程，是第三个关键科学问题。

1.2 国内外研究现状

1.2.1 本体技术与描述逻辑在冶金领域应用研究现状

1. 本体在冶金领域的应用

本体 (ontology) 原本属于哲学领域的一个概念，在古希腊时期，亚里士多德曾经对世界上的事物分类做过尝试，这就是最原始的一种对本体的描述。哲学领域，曾经有研究者对本体进行定义，即本体是对客观事务的描述[52]。在韦氏词典里面，本体被定义为：与存在的本质相关的形而上学的分支，或者不同的知识领域谈论各种本体时，应该使用本体的复数形式，目的是便于表示总的本体集合，也就是本体论[53]。因此，本体可以说已经存在了很长时间。近些年，随着信息技术不断发展、语义 Web 研究不断深入，本体已经被研究者、工程技术人员广泛地应用到计算机领域。本体被应用于计算机领域，主要是因为本体具有较强的信息资源描述和较强的推理能力。王芳在文献[54]中运用本体理论和方法对冶金设备信息进行概念、属性的定义，构建冶金设备领域本体。在此基础上，提出了更加科学和实用的基于本体论的冶金设备分类编码构想，满足了冶金设备信息共享和利用的需求。谷俊在文献[55]中把本体运用到冶金行业构建了专利文献本体模型 PATENT_ONTO，使用 Protégé 工具以网络本体语言(ontology web language，OWL)对概念模型进行描述。张德钦等在文献[56]中讨论了冶金工业联合体数据集成的基本需求及基于本体的数据集成基本架构，以冶金行业工业联合体数据集成为研究对象设计了一个基于语义的数据集成模型。

2. 描述逻辑及其应用

描述逻辑是一种知识表示的形式化方法，其知识表示时主要是采取基于对象的措施，描述逻辑的应用领域包括语义 Web[57]、概念建模[58]、知识表示[59,60]、生物信息集成[61]、信息系统、语言理解、软件工程[62]、数字图书馆[62]、数据库[63-67]等，其特点如下：①具有较强的表达能力；②具有可判定性；③基于它的推理算法总能停止。

一般可以采用经典扩展方式、非经典扩展方式对描述逻辑进行扩展。其中，经典扩展方式下主要是通过增加概念构造器、关系构造器来扩展描述逻辑。Baader 等在 ALC(attributive concept description language with complements)的基础上建立了描述逻辑 ALCN(attributive concept description language with complements and number restriction)，其主要做法是添加数量约束[68,69]。Baader 建立了描述逻辑 ALC-trans，其主要做法是在 ALC 上添加关系并、关系复合、关系传递[62]。印俊采用限定由交、并构造器构造的复杂关系长度是相同的，提出了 ALCQ(attributive concept description language with complements and quantify number restriction)(。,∪,∩)的子语言 ALCQs(。,∪,∩)[70]。Horrocks 建立了描述逻辑 ALCI$_{R+}$，主要做法是在 ALC 上添加反关系、关系传递[71]。王静等引入可拓学中的可拓集合代替经典集合，把可拓集合看做描述逻辑 ALCQ 的集合论基础，提出一种带限定性数目约束的可拓描述逻辑 ALCQ$_{DES}$[72]。

Lutz 在文献[73]中在数字领域对描述逻辑进行扩展，包括非负整数领域描述逻辑扩展、全体整数领域描述逻辑扩展、实数领域描述逻辑扩展。Baader 等把关系数据库视为一个具体领域，然后在此基础上扩展描述逻辑，把字段值集合看做领域，SQL 定义的关系看做角色[74]。Haarslev 等在描述逻辑 ALC(D)的基础上，添加了空间信息表示的具体域、关系构建谓词算子，结合语义推理与空间推理，提出描述逻辑 ALCRP(attributive description language with complements and roles defined as predicates)(D)[75]。霍林林基于区间模糊理论扩展了空间描述逻辑 ALCRP(D)，得到区间值模糊空间描述逻辑 IF-ALCRP(D)[76]。Aiello 等在时间上做描述逻辑领域扩展 DL(description logics)，把时间段构成一个集合并将其看做领域，把基本时间段(如 before，after，…)用布尔算子连接建立角色。另外，把时间段用空间区域替换可以进行空间领域扩展，把基本空间关系采用布尔算子连接建立角色关系[77]。

由于 DL 只能表示静态知识，无法对信念、义务、责任等动态知识进行表示，为了弥补此缺陷，Wolter 等在 ALC 的基础上，结合命题动态逻辑(propositional dynamic logic，PDL)建立了 PDLC[78]。Shi 等把 DL、动态逻辑、动作理论相结合建立了一种动态描述逻辑[79]。张建华等在动态描述逻辑(dynamic description logic，DDL)推理和(distributed dynamic description logic，D3L)推理的基础上，提出了支持链式桥规则的分布式动态描述逻辑(CD3L)推理算法[80]。常亮等基于描述逻辑 ALCO(attributive concept description language with complements and nominals)来动态描述逻辑扩展，建立了 D-ALCO，给出了 D-ALCO 的概念可满足性判定 Tableau 算法，并证明了该判定算法的性质[81]。赵专政等针对认知角色不能表达个体间双向关系的问题，在描述逻辑 ALCK(attributive concept description language with complements and K operator)中加入逆角色得到 ALCIK，以扩充其表达能力[82]。

时态逻辑中对时间的解释与一般模态逻辑不一样，具有独特性，因而 Bettini 和 Artale 等基于时态来扩展描述逻辑，并对时态描述逻辑的相关性质进行讨论[83-85]。李嵋等在文献[86]中把描述逻辑 ALC 同分支时态逻辑(computation tree logic，CTL)进行结合，建立了分支时态描述逻辑 ALC-CTL。该逻辑将时态算子引入公式的构造，使其不仅具有较强的刻画能力，还让公式可满足性问题的复杂度保持在 EXPTIME 这个级别。印俊在 ALCN 的基础上加入认知算子 K 提出了描述逻辑 ALCNK，在 Tbox 为空集和 Abox 中无认知算子的情况下，设计了 ALCNK 概念的认知查询表算法[70]。

Heinsohn 在文献[87]中提出了描述逻辑的概率扩展，主要是把概率和描述逻辑进行结合。Straccia 等在文献[88]中把描述逻辑 ALC 与模糊逻辑相结合建立了模糊描述逻辑 ALC，定义了模糊描述逻辑 ALC 的语法、语义，并研究了模糊描述逻辑 ALC 的推理问题及其复杂性。康达周等基于描述逻辑 SHOIQ 进行描述逻辑的模糊扩展提出 SHOIQFC，SHOIQFC 不仅具有模糊描述逻辑 FSHOIQ 的全部表达能力，还支持涉及多隶属度值及其比较复杂的模糊知识的表示与推理[89]。Sanchez 等对模糊描述逻辑 ALC 进行扩展，主要是在其基础上增加数量约束限制[90]。Stoilos 等在模糊描述逻辑 ALC 的基础上增加关系传递、关系包含、关系逆、无限定的数量约束进行扩展，建立了描述逻辑 f-SHIN，提出了其满足性推理算法[91]。冉婕等针对现实生活中信息的时间性和模糊性，在模糊描述逻辑和时态逻辑的基础上提出了一种模糊时态描述逻辑(fuzzy temporal description logic，FTDL)[92]。王驹等建立了模糊动态描述逻辑(fuzzy dynamic description logic，FDDL)，主要是在动态描述逻辑的基础上进行模糊扩展，给出 FDDL 的语法、语义定义，还研究了 FDDL 的推理问题[93]。蒋运承对 SROIQ(D)进行了扩充，提出了直觉模糊粗描述逻辑 IFRSROIQ(D)[94]。

为了能对单调知识、不完备知识进行描述和推理，Baader 等在文献[95]中对描述逻辑进行缺省扩展建立了缺省描述逻辑。董明楷等在文献[96]中对描述逻辑进行缺省扩展，主要是在描述逻辑基础上添加缺省规则。为了能够描述数据库中实体-关系模型和实体-关系模式，Calvanese 等建立了描述逻辑 DLR(dynamic language runtime)和描述逻辑 ALNUI，其中，DLR 是基于 n 元关系的描述逻辑，ALNUI 是带有数量约束、反关系、无圈断言的描述逻辑，还对实体联系(entity-relationship，ER)模型转换到 DLR 知识库、ER 模型转换到 ALNUI 知识库进行了研究[63,64]。霍林林针对空间中的区间值模糊信息的表达和推理，对经典描述逻辑 ALCN 进行区间值模糊扩展，得到模糊描述逻辑 IF-ALCN[76]。马东嫄等在文献[67]中建立了双层描述逻辑 DDLD，它能够把元组、属性的逻辑区别表示出来，还建立了 DDLD 的语法、语义，讨论 ER 模型如何转换为 DDLD 知识库。蒋运承等建立了模糊描述逻辑 FALNUI，目的是对模糊 ER 模型进行描述，还研究了模糊 ER 模型与 FALUI 知识库之间的对应关系[65]。张富等在描述逻辑 DLR 基础上建立了模糊描述逻辑 FDLR，研究了模糊 ER 模型如何向 FDLR 知识库进行转换[66]。王静对描述逻辑进行可拓扩展，主要是在描述逻辑中引入可拓集、可拓变换[97]。为了利用描述逻辑的推理规则分析并解决简单矛盾问题，王静等引入了可拓集合作为描述逻辑 SHOQ 的集合论基础，提出了描述逻辑 D-SHOQES[98]。

从现有文献来看，本体技术在冶金过程中的应用还非常少，而描述逻辑在冶金过程相关领域还没有得到应用。显然，如果具体到炼焦过程管理，暂时还未见相关应用研究。

1.2.2　物联网技术在冶金炼焦领域应用研究现状

物联网技术是一个跨学科且交叉性强的技术，硬件支撑技术包括传感器网络、射频识别(radio frequency identification，RFID)装置、ZigBee、蓝牙等。随着物联网技术的不断发展，它逐渐被应用到交通、物流、建筑、家居等领域。冶金领域作为一个对自动化和智能化要求较高的领域，自然也在逐渐引入物联网技术。

1. RFID 技术在冶金炼焦领域的应用

RFID 技术被应用于冶金炼焦过程的机车定位与控制、三车连锁管理等，尤其在国外先进焦化生产中应用得较早。2002 年，济南钢铁集团总公司与芬兰罗德罗基公司合作，提出了一种基于 RFID 的机车自动控制管理方案[99]。文献[100]利用 RFID 技术对焦炉进行识别和焦炉机车进行定位。其主要原理是，首先在电子标签上编写炉号及炉号地址信息，再将电子标签固定在对应的焦炉口旁，并将射频发射器安装在焦炉机车上，随着机车的移动，当射频发射器发射一个信号后，电子标签便会被检测到，并将信息返回到发射器，这样，当前电子标签所代表的炉号和地址信息就可以被识别，同时机车的方向也会被识别出来。随后，控制室综合所有获得的信息进行处理并下达命令，最后通过机车控制系统实施，从而实现机车的定位。文献[101]基于 PLC 和 RFID 技术，制定了焦化厂机车连锁装置的设计方案，包括炉号识别装置、数据传输装置、人机界面显示装置。文献[102]基于无线局域网和 RFID 技术，完成了某钢铁公司行车定位系统的设计与实现。同时，RFID 技术也被应用到冶金工业的其他过程，如铁水包自动化、物料跟踪与管理、冶金设备管理、人员管理等方面。例如，首钢京唐公司将 RFID 与 MES 系统、计量系统有效进行结合，实现铁水包"一包到底"的自动化，有效提高了铁包的利用率和周转率[103]。文献[104]运用 RFID 和无线网络等技术，研究了铁水包跟踪定位的技术及相关的调度方案，通过基于 RFID 的行车定位系统实现铁水包的位置跟踪。

2. 传感器网络在冶金过程的应用

传感器技术在冶金过程中应用是非常广泛的，但真正的传感器网络或无线传感器网络技术的应用却比较少见。文献[105]基于光传感器设计了码盘识别系统，主要由码盘、U 型阅读器、码盘信号采集模块、数据传输模块组成，实现对焦炉机车的运行方向、焦炉炉号、机车位置的精确识别。文献[106]将位移和磁场强度等利用半导体材料的霍尔元件转换成电压或电流信号，并应用射频识别系统，通过装置的位移判断出机车所在位置并适时给出控制信号。为对冶金工业环境监测提供良好的支持，文献[107]设计了一种面向冶金废气监测的无线传感器网络系统，该系统由多个可拓展传感器接口的监测节点组成，节点能够与后端数据中心进行无线通信，实现对冶金企业厂区内外大范围、灵活部署的实时监测系统，监测节点使用具有高可靠性和精度的电化学式传感器，通过可扩展传感器接口，对多种冶金废气和空气环境进行监测。

3. 无线传输网络技术在工业控制中的应用

在信息传输与网络控制方面，目前，现场总线技术是冶金行业采用较多且具有明显效果的工业控制网络技术[108]。近 20 年来推出了几十种新型的控制网络，如 FF（foundation fieldbus）[109-111]、LonWorks[112]、CAN（controlle area network）、PROFIBUS（process field bus）、工业以太网（industrial ethernet）等，其中有一些已被列入国家标准。但这些标准几乎都是采用有线作为传输介质，如双绞线、同轴电缆、光纤等，存在地表、墙体布线、网络线路维护等一些难题，并带来了应用上的一些困难[113]，尤其在一些信息需要突发性、临时性处理，或者信息交换设备需要较大范围移动场合的时候，问题更为突出。同时，由于冶金生产环境的温度高和严重的腐蚀性气体容易造成线缆的老化，有线信号会受到强电磁环境所造成的很大电磁干扰，更为突出的是焦炉机械车辆的频繁移动，这些因素都很大程度上限制了有线工业控制网络技术在焦炉机械车辆自动化中的应用。因此，在未来的工业过程监控、现场实时故障诊断应用中，VHF/UHF、无线局域网、ZigBee、蓝牙、Wireless HART、UWB 等物联网的无线传输网络技术成为必然选择。

然而，关于无线通信与网络技术在冶金过程自动化尤其是炼焦生产过程方面的应用，目前主要还是集中在对焦炉机械车辆自动运行调度和炼焦生产信息管理系统方面，尤其是焦车连锁和炉号识别。关于炉号识别，用到的技术包括感应无线技术、射频识别技术、γ射线方式和无线数字通信方式几种。基于无线通信网络可以实现焦车间的大量数据交换，在其数据中包含了焦车位置信息，便可以在推焦前确定各车的位置[114]。电力载波是实现三车连锁功能较好的方式，其基本原理是发射端用语音信号对载波信号进行调制，接收端对语音信号进行解调，并通过电力线进行传输[115]。感应无线方式则是通过传感器感知实现焦车对炉号的识别与定位[116]。射频识别方式中通过埋设于轨道旁的 RFID 标签与焦车上的 RFID 阅读器进行通信实现识别[117]。编码识别方式通过对旋转编码器的输出信号进行处理得出焦车所在炉室的炉号[118]。γ射线连锁系统指的是在推焦车上装一个γ射线源，在拦焦车和装煤车上分别安装灵敏度高的闪烁检测器，当三车在同一直线时，检测器检测到射线信号，从而实现三车连锁[119]。

从当前的研究现状来看，物联网技术直接应用于冶金炼焦过程控制与管理还比较少见，RFID 技术被尝试性应用于炉号识别及焦车定位与连锁控制中，传感器与无线网络技术应用较多的是基于无线感应方式的炉号识别与定位，主要应用于焦车作业与调度子过程，基本还没见到物联网技术在燃烧加热、集气管压力控制等过程或是炼焦生产现场的完整应用及相关研究。然而，炼焦生产现场的实时监控、各个子过程相关参数如温度、压力等的无线、实时采集与反馈控制是非常必要的。

1.2.3　冶金炼焦过程语义化及建模应用研究现状

1. 语义化及信息建模

语义学是研究语义的一门学科，涉及语言学、逻辑学、计算机科学、自然语言处理、认知科学、心理学等诸多领域[120]。知识的获取、存储、检索和推送等相关方法经过多年的探索研究得到了飞速发展，并将研究重点逐步向语义化知识管理技术发展。随着语义网和本体技术的发展，知识建模、异构知识集成、语义检索和知识服务等基于语义网和本体技术而展开的研究方向成为热点。如何对知识的语义进行表达，是研究基于语义的知识管理技术首先要突破的难点。目前，尽管全面而系统地针对知识语义表达展开的研究并不多，但是语义网技术、本体技术和人工智能相关技术的研究已取得了较多进展，并在各领域的应用中取得了较多成果，这些可以为知识语义表达提供参考[120]。

目前，大部分语义化信息建模和处理的研究工作均是基于本体技术开展的。Kim 等[121]提出了一种基于本体装配设计的新范型。Li 等[122]提出一种基于本体的检索算法来检索非结构化的工程文档，该算法可以处理复杂的查询条件。Setchi 等[123]提出了一个基于语义的图像检索方法来支持概念设计。尹奇韡[124]针对产品信息和生物信息两个领域提出了一种基于语义 Web 的信息表达和语义化过程模型，用于解决 XML 数据源向新一代语义 Web 语言 OWL 的语义转化和提升问题。欧阳杨[125]提出了一种在教育语义网中应用的基于本体的自适应学习系统模型。程应[126]设计和论证了基于本体及 RFID 的计算机产品信息模型及其应用系统的总体方案，并针对 RFID 数据采集、中间层本体数据处理以及上层系统应用等三个关键技术进行了重点研究。

2. 基于本体的语义化建模在知识管理领域的应用

随着语义网技术的发展，在知识管理领域，本体被用来表达和处理信息语义的方法得到了广泛研究，并在很多方面都得到了很好的应用，尤其表现在语义信息处理方面。

知识语义表达建模实质上是一个概念模型，用来表达其领域概念以及这些概念之间的关系。概念建模技术使用初期主要用来进行数据建模、逻辑建模和物理建模，以表达术语和概念的含义，找出不同概念间正确的关联关系并用于通信交流。随后，E-R 模型[127]、统一建模语言(unified modeling language，UML)[128]、递归对象模型(recursive object model，ROM)[129]和语义网模型[130]等很多新的概念建模的方法被提出。在规范化语义网技术上 W3C 组织作出了巨大贡献，不仅对语义表达中数据建模的框架统一采用资源描述框架(resource description framework，RDF)[131]做了明确规定，而且对网络本体语言(web ontology language，OWL)做了规定，规定 OWL[132]作为一种语义建模语言，后续对信息和知识语义建模研究提供了统一的规范。此外，语义化及建模在产品设计和数据管理方面已有一些应用研究。文献[120]围绕产品设计知识的语义表达和语义化知识服务展开研究，提出适用于产品设计知识语义分析和表达的方法，使得计算机能够在语义层面上对产品设计知识进行处理，通过深入挖掘知识的语义内涵，辅以智能推理等相关手段，为设计过程提供更好的知识服务，从而提高设计效率和设计质量。

面对不同的需求，语义表达模型不应仅用于表达知识语义内涵，还需在知识服务中具备智能推理的能力，从而利用知识的语义模型对知识进行智能处理，因此，需要对知识语义模型的推理能力及服务方案形成过程进行深入的研究。目前，在具体领域研究的知识语义模型构建尚不完善，对其推理能力及知识服务方案形成过程研究也处于探索阶段[120]。

综上所述，就目前查阅的文献来看，基于本体的语义化及建模研究在知识管理领域有很好的应用，但具体到冶金领域的炼焦过程的知识语义描述和语义建模研究还没有。本书基于本体和物联网对冶金炼焦过程进行语义化研究、语义化管理研究、语义推理机制和检索服务方法研究，并将其应用到炼焦过程的基础数据管理、多源异构信息资源处理、海量知识处理及耗热量影响因素优化中。

1.3　本书研究内容

本书基于对三家大型钢铁企业焦化厂的实地调研，以炼焦过程的信息化和智能化管理为研究背景，针对当前炼焦生产过程的生产信息及现场参数获取不够实时、全面，系统可靠性和稳定性较差，智能控制和优化能力差等问题，及影响上述问题的相关核心技术进行研究，提出了基于本体的炼焦过程语义化描述方法，结合物联网技术构建了炼焦过程数据采集网络及语义化研究,研究炼焦过程信息语义化管理，提出了基于本体的炼焦过程语义知识推理机制及检索服务模型，最后将炼焦过程语义化在基础数据管理、多源异构信息资源处理、海量知识处理以及耗热量影响因素优化等方面进行了应用。本书主要研究内容包括以下几个方面。

(1)基于扩展描述逻辑的炼焦过程语义化研究。

为了形式化描述炼焦过程涉及的具有不同属性状态的事物、不同变换过程、不同概念，在描述逻辑 ALC 的基础上，结合炼焦过程的实际情况，引入类物元和可拓变换，并添加反关系构造器提出了描述逻辑 DL-MCP 系统,构建了描述逻辑 DL-MCP 的语法、语义以及公理体系，提取语义化要素，并在此基础上对炼焦过程所涉及的知识进行了语义化描述。通过实例对所构建的 DL-MCP 系统具有可靠性、可行性和有效性进行了证明。

(2)基于物联网的冶金炼焦过程数据采集及语义化处理研究。

构建基于物联网的炼焦过程智能化数据采集网络，提出基于 ZigBee 的组网结构及基于 AODV 的网内数据传输机制。基于本体及形式化描述方法，对感知数据进行形式化、语义化描述，为数据的后续处理与使用提供基础。

(3)炼焦过程信息语义化管理。

基于实地调研基础和专家经验知识，提炼归纳出炼焦过程的基本数据及其相关性并构建炼焦过程数据库；提取相关概念、概念间关系、实例，并构建炼焦过程本体库；提出炼焦过程数据库到炼焦过程本体的转换过程及转换规则、存储方法及基于多方法综合的本体映射算法。

(4)基于本体的炼焦过程语义推理与检索服务研究。

构建炼焦过程专家知识库，提出基于本体的炼焦过程语义推理模型、推理规则和推理机制，并通过实验进行验证；通过研究炼焦过程知识的预处理、表示及转换方法，提出数据库与本体库相融合的炼焦过程知识检索服务模型及算法。

(5)基于本体的炼焦语义化应用。

结合实际的冶金炼焦过程，对基于本体的炼焦语义化进行了应用研究，包括数据库与本体库技术在炼焦过程的基础数据管理中的应用、炼焦过程语义融合技术在多源异构信息资源处理中的应用、基于 RDF 图语义推理方法在炼焦过程海量知识处理中的应用、基于语义推理的炼焦耗热量影响因素优化的应用。本书研究技术路线如图 1.2 所示，具体研究内容、本书章节构成与关键科学问题的对应关系如图 1.3 所示。

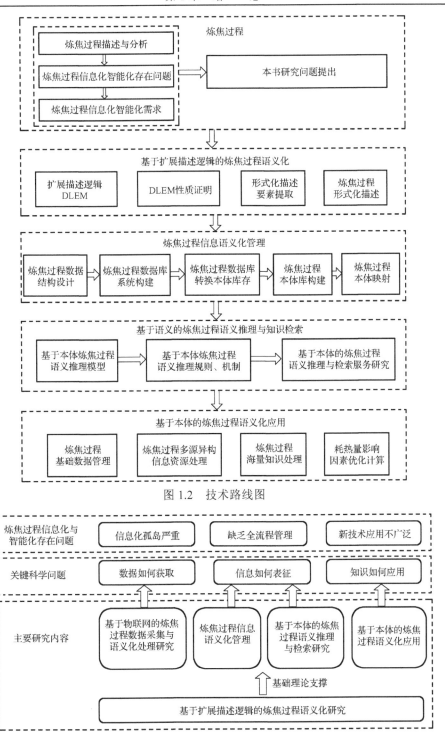

图 1.2 技术路线图

图 1.3 研究内容与关键科学问题对应图

第2章　基于扩展描述逻辑的炼焦过程语义化研究

在描述逻辑 ALC 的基础上，结合冶金炼焦过程，提出炼焦过程领域描述逻辑扩展模型(description logics extended for metallurgy coking process，DL-MCP)形式化系统，并进行了可靠性与完全性分析。为了对炼焦过程中的知识进行形式化描述，需解决 ALC 的描述能力弱的问题，特引入类物元和可拓变换，并添加反关系构造器提出描述逻辑 DL-MCP，进一步建立 DL-MCP 的语法、语义以及公理体系。基于所建立的语法、语义、公理体系证明得到一些 DL-MCP 的性质。在得到 DL-MCP 性质的基础上讨论了 DL-MCP 的可靠性问题，通过证明得到 DL-MCP 系统具有可靠性。最后基于 DL-MCP 对炼焦工艺进行形式化描述。

2.1　炼焦过程领域描述逻辑扩展模型

描述逻辑 ALC 构造器由⊓(代表交)、⊔(代表并)、¬(代表补)、∃(代表存在量词)、∀(代表全称量词)组成，通过这些构造器来体现它的最一般的描述知识的能力。基于 ALC 进行炼焦知识描述时，只有概念 C 被解释为具体的实例集，a 被解释为具体的实例的时候，$C(a)$ 在 ALC 体系中才有意义[133]。但实际上，在描述炼焦过程知识时，很多事物的属性及属性的变化是需要描述出来的。当要描述某个炼焦过程领域概念、炼焦过程领域个体的特征时，只能采用概念包含或者断言进行描述，如要描述焦炉具有型号属性，要采用概念包含"焦炉⊑具有型号的事物"来描述。炼焦过程中包括一些概念(如煤塔、炭化室、焦罐车等)、一些事物及其属性(如配合煤有水分、灰分、挥发分等属性，焦炭有密度、水分、灰分等属性)、一些变化过程(如干燥干馏、推焦、拦焦等)。为了能够描述炼焦过程相关知识，对 ALC 进行扩展，引入可拓论中的类物元及可拓变换，并添加反关系构造器，提出描述逻辑 DL-MCP。本章首先定义了 DL-MCP 的语法、语义，然后建立其形式化公理体系，并讨论了 DL-MCP 的相关性质，最后基于 DL-MCP 对炼焦过程知识进行形式化描述。

2.2　DL-MCP 的形式化公理体系

在前期研究成果[134]中，已建立普适性的形式化公理体系。针对炼焦过程共性与特性的描述问题，下面给出了 DL-MCP 系统的典型形式化公理体系及扩展，这是炼焦过程语义化及建模应用研究的基础理论支撑。

2.2.1　描述逻辑 DL-MCP 的语法

DL-MCP 系统构建时，需要用到如下一些符号。

(1) 概念集 Φ：$\Phi = \{C_0, C_1, C_2, \cdots\}$。

(2) 类物元集 Ω：$\Omega = \{E_0, E_1, E_2, \cdots\}$。

(3) 关系集 R：$R = \{R_0, R_1, R_2, \cdots\}$。

(4) 可拓变换集 T：$T = \{T_0, T_1, T_2, \cdots\}$。

(5) 概念实例个体集 CS：$CS = \{c_0, c_1, c_2, \cdots\}$。

(6) 类物元实例个体集 MES：$MES = \{me_0, me_1, me_2, \cdots\}$。

(7) 连接词：$\leftrightarrow$ (代表 iff，即当且仅当)，$\rightarrow$ (代表蕴含)。

(8) 概念构造器：$\neg$ (代表概念补)、$\sqcup$ (代表概念并)、$\sqcap$ (代表概念交)、$\top$ (代表全概念)、$\bot$ (代表空概念)、$\forall$ (代表全称量词)、$\exists$ (代表存在量词)。

(9) 类物元构造器：$\neg$ (代表类物元补)、$\sqcup$ (代表类物元并)、$\sqcap$ (代表类物元交)、$\forall$ (代表全称量词)、$\exists$ (代表存在量词)。

(10) 关系构造器：$-$ (代表反关系)。

(11) 可拓变换构造器：$\neg$ (代表可拓变换补)、$\sqcup$ (代表可拓变换并)、$\sqcap$ (代表可拓变换交)。

(12) 括号："(" (代表左括号)、")" (代表右括号)、"[" (代表左中括号)、"]" (代表右中括号)。

(13) 合式公式：α, β。

本书后续的讨论和证明过程中，除作特别说明情况外，符号"$\forall$"代表任意一个元素，符号"$\exists$"代表存在一个元素，符号"$\cup$"代表集合并，符号"$\cap$"代表集合交，符号"$\varnothing$"代表空集，符号"$\mid$"代表条件是。

定义 2.1　$\exists r.C = \neg\forall r.\neg C$，也就是 $\exists r.C$ 表示与概念 C 对应的实例之间存在关系 r 的实例集合。用此方法来定义 $\exists r\text{-}.C = \neg\forall r\text{-}.\neg C$，$\exists r.E = \neg\forall r.\neg E$。

利用 $\neg\neg C = C$ 得 $\exists r\text{-}.\neg C = \neg\forall r\text{-}.C$ 和 $\forall r\text{-}.\neg C = \neg\exists r\text{-}.C$。利用 $\neg\neg E = E$ 得 $\exists r\text{-}.\neg E = \neg\forall r\text{-}.E$ 和 $\forall r\text{-}.\neg E = \neg\exists r\text{-}.E$。

基于以上规定描述 DL-MCP 系统中语言 L 的定义。

在 DL-MCP 中，设 R 表示概念间的关系集，T 表示可拓变换集，Φ 表示概念集，Ψ 表示类物元集。定义新的描述逻辑 DL-MCP 中的关系，概念为满足定义 2.2 的最小集合。下面定义 DL-MCP 的语法。

定义 2.2(语法)　DL-MCP 的语法如下：

(1) 若 $C, D \in \Phi$，则 $\top, \bot, \neg C, C \sqcap D, C \sqcup D \in \Phi$；

(2) 若 $R_1 \in R$，$E \in \Psi$，则 $\forall R_1.E$，$\exists R_1.E \in \Phi$；

(3) 若 $E, F \in \Psi$，则 $\neg E, E \sqcap F, E \sqcup F \in \Psi$；

(4) 若 $T_i \in T$，$C \in \varPhi$，则 $[T_i]C \in \varPhi$；

(5) 若 $R_1 \in R$，$C \in \varPhi$，则 $\forall R_1.C \in \varPhi$，$\exists R_1.C \in \varPhi$，$\forall R_1\text{-}.C \in \varPhi$，$\exists R_1\text{-}.C \in \varPhi$；

(6) 若 $R_1 \in R$，那么 $[T_i]R_1 \in R$，$R_1\text{-} \in R$；

(7) 若 C，$D \in \varPhi$，那么 $C \rightarrow D \in \varPhi$，$C \leftrightarrow D \in \varPhi$；

(8) 若 E，$F \in \varPsi$，那么 $E \rightarrow F \in \varPsi$，$E \leftrightarrow F \in \varPsi$。

定义 2.3（DL-MCP 的合式公式）　把 DL-MCP 中的概念称为 DL-MCP 的合式公式，可以简称为公式，记为 α。另外，满足下面①、②要求的也为 DL-MCP 的公式：①如果 C，D 为 DL-MCP 的公式，那么 $\neg C$，$C \sqcap D$，$C \sqcup D$，$\exists R.C$，$C \rightarrow D$ 也为 DL-MCP 的公式；②如果 E，F 是 DL-MCP 的公式，那么 $\neg E$，$E \sqcap F$，$E \sqcup F$，$\forall R.E$，$\exists R.E$，$E \rightarrow F$ 也是 DL-MCP 的公式。

进一步定义 $\neg\neg C = C$，$C \sqcap D = \neg(\neg C \sqcup \neg D)$，$C \rightarrow D = \neg C \sqcup D$，$C \leftrightarrow D = C \rightarrow D$ 且 $D \rightarrow C$，$\neg\neg E = E$，$E \sqcap F = \neg(\neg E \sqcup \neg F)$，$E \rightarrow F = \neg E \sqcup F$，$E \leftrightarrow F = E \rightarrow F$ 且 $F \rightarrow E$。

2.2.2　描述逻辑 DL-MCP 的语义

接下来，给出 DL-MCP 语义的定义。

定义 2.4（模型）　把 DL-MCP 的模型（记为 M）定义为 $M = (\Delta^I, \bullet^I)$，其中，$\Delta^I$ 代表论域，它是一个非空集；$\bullet^I$ 代表解释函数；$\bullet^I$ 把概念实例个体 c 映射为 c^I，并且 $c^I = \Delta^I$；把概念 C 映射为 C^I，并且 $C^I \subseteq \Delta^I$；把类物元实例个体 e 映射为 e^I，并且 $e^I \in \Delta^I$；把类物元 E 映射为 E^I，并且 $E^I \subseteq \Delta^I$；把关系 r 映射为 r^I，并且 $r^I \in \Delta^I \times \Delta^I$；另外还需要满足条件：取任一关系 r、任一 $x \in \Delta^I$ 情况下，$\{y: (x,y) \in r^I\}$ 只有一个元素。

定义 2.5（概念可满足）　在 DL-MCP 的模型 M 中，如果解释 $\bullet^I$ 让 DL-MCP 中的概念 C 解释得到 $C^I \neq \varnothing$，那么称 C 可满足，记为 $M \vDash C$。

定义 2.6（类物元可满足）　在 DL-MCP 的模型 M 中，如果解释 $\bullet^I$ 让 DL-MCP 中类物元 E 解释得到 $E^I \neq \varnothing$，那么称类物元 E 可满足，记为 $M \vDash E$。

定义 2.7（概念为真）　在 DL-MCP 的模型 M 中，如果任意解释 $\bullet^I$ 让 DL-MCP 中的概念 C 解释得到 $C^I \neq \varnothing$，那么称概念 C 为真，记为 $\vDash C$。

定义 2.8（类物元为真）　在 DL-MCP 的模型 M 中，如果任何一个解释 $\bullet^I$ 使类物元 E 的解释均满足 $E^I \neq \varnothing$，那么把类物元 E 称为真，记为 $\vDash E$。

定义 2.9（公式可满足）　在 DL-MCP 的模型 M 中，如果 $\bullet^I$ 下 α（α 表示合式公式）具有 $\alpha^I \neq \varnothing$ 成立，那么称 α 可满足，记为 $M \vDash \alpha$。

定义 2.10（有效式）　在 DL-MCP 的模型 M 中，如果全部 $\bullet^I$ 下 α（α 表示合式公式）均具有 $\alpha^I \neq \varnothing$ 成立，那么称 α 是有效式，记为 $\vDash \alpha$。

定义 2.11（集合差）　令 C^I 表示概念 C 在 Δ^I 下的一个实例集，D^I 也表示概念 D 在 Δ^I 下的一个实例集，那么属于 C^I 但不属于 D^I 的实例构成的实例集称为 C^I 与 D^I

的差, 记为 $C^I \setminus D^I$, 也就是 $C^I \setminus D^I = \{x \mid x \in C^I \text{ 且 } x \notin D^I\}$。或者令 E^I 表示类物元 E 在 Δ^I 下的一个类物元实例集, F^I 也表示类物元 F 在 Δ^I 下的一个类物元实例集, 那么属于 E^I 但不属于 F^I 的类物元实例构成的类物元实例集称为 E^I 与 F^I 的差, 记为 $E^I \setminus F^I$, 也就是 $E^I \setminus F^I = \{a \mid a \in E^I \text{ 且 } a \notin F^I\}$。

基于建立的 DL-MCP 模型, 接下来对 DL-MCP 进行语义解释。

定义 2.12(DL-MCP 的语义)　描述逻辑 DL-MCP 的语义由以下几个方面组成:

(1) $\top^I = \Delta^I$;

(2) $\bot^I = \varnothing$;

(3) $M \vDash C(u)$ 成立, 当且仅当 $u^I \in C^I$ 成立;

(4) $(\neg C)^I = \Delta^I \setminus C^I = \{u \mid u \in \Delta^I \text{ 并且 } u \in C^I\}$;

(5) $(C \sqcup D)^I = C^I \bigcup D^I = \{u \in \Delta^I \mid u \in C^I \text{ 或 } u \in D^I\}$;

(6) $(C \sqcap D)^I = C^I \bigcap D^I = \{u \in \Delta^I \mid u \in C^I \text{ 并且 } u \in D^I\}$;

(7) $(\forall r.C)^I = \{u \in \Delta^I \mid \forall v \in \Delta^I ((u,v) \in r^I \Rightarrow v \in C^I)\} = \{u \in \Delta^I \mid \forall v \text{ 让 } (u,v) \in r^I \text{ 成立, 则 } v \in C^I\}$;

(8) $(\exists r.C)^I = \{u \in \Delta^I \mid \exists v \in \Delta^I ((u,v) \in r^I \& v \in C^I)\} = \{u \in \Delta^I \mid \exists v \text{ 让 } (u,v) \in r^I \text{ 成立并且 } v \in C^I\}$;

(9) $(\neg E)^I = \Delta^I \setminus E^I = \{a \mid a \in \Delta^I \text{ 且 } a \notin E^I\}$;

(10) $(E \sqcap F)^I = E^I \bigcap F^I = \{a \in \Delta^I \mid a \in E^I \text{ 且 } a \in F^I\}$;

(11) $(E \sqcup F)^I = E^I \bigcup F^I = \{a \in \Delta^I \mid a \in E^I \text{ 或者 } a \in F^I\}$;

(12) $(\forall r.E)^I = \{a \in \Delta^I \mid \forall b \in \Delta^I ((a,b) \in r^I \Rightarrow b \in A^I)\} = \{a \in \Delta^I \mid \forall b \text{ 使得 } (a,b) \in r^I \text{ 则 } b \in E^I\}$;

(13) $(\exists r.E)^I = \{a \in \Delta^I \mid \exists b \in \Delta^I ((a,b) \in r^I \& b \in E^I)\} = \{a \in \Delta^I \mid \exists b \text{ 使得 } (a,b) \in r^I \text{ 且 } b \in E^I\}$;

(14) $(r\text{-})^I = \{(u,v) \mid (v,u) \in r^I\}$;

(15) $(\exists r.C)^I = \{u \in \Delta^I \mid \exists v \in \Delta^I ((v,u) \in r^I \& v \in C^I)\} = \{u \in \Delta^I \mid \exists v \in \Delta^I \text{ 使得 } (v,u) \in r^I \text{ 且 } y \in C^I\}$;

(16) $(\forall r.C)^I = \{u \in \Delta^I \mid \forall v \in \Delta^I ((v,u) \in r^I \Rightarrow v \in C^I)\} = \{u \in \Delta^I \mid \exists v \in \Delta^I \text{ 使得 } (v,n) \in r^I \text{ 则 } v \in C^I\}$;

(17) $([T]C)^I = \{(a,v,v') \mid a \in C^I, v = k(a), v' = T_k k(T_a a)\}$, 其中, a 代表实例个体, k 代表概念 C 的关联函数, 变换 T 由 T_k 和 T_a 两部分组成, T_k 代表作用于概念 C 的相关变换, T_a 代表某一具体领域下作用于实例个体 a 的变换;

(18) $([T]R)^I = \{((a,b),v,v') \mid a \in \Delta^I, b \in \Delta^I, v = k(a,b), y' = T_k k(T_a a, T_b b)\}$, 其中, a, b 代表实例个体, k 代表 DL-MCP 的概念之间的关系 R 对应的关联函数, 变换 T

由 T_k、T_a 和 T_b 组成，T_k 代表作用于 DL-MCP 的概念之间关系 R 的变换，T_a、T_b 代表某一领域中的作用于实例个体 a 和实例个体 b 的变换；

(19) $M \vDash r(u, v)$ 当且仅当 $(u^I, v^I) \in r^I$ 成立；

(20) $M \vDash E(a)$ 当且仅当 $a^I \in E^I$ 成立；

(21) $M \vDash C \rightarrow D$ 当且仅当 $\exists u \in \Delta^I$ 时，如果 $u \in C^I$ 成立，那么 $u \in D^I$ 成立；

(22) $M \vDash C \leftrightarrow D$ 当且仅当 $\exists u \in \Delta^I$ 时，如果 $u \in C^I$ 成立，那么 $u \in D^I$ 成立；并且如果 $u \in D^I$ 成立，那么 $u \in D^I$ 成立；

(23) $M \vDash E \rightarrow F$ 当且仅当 $\exists a \in \Delta^I$ 时，如果 $a \in E^I$ 成立，那么 $a \in F^I$ 成立；

(24) $M \vDash E \leftrightarrow F$ 当且仅当 $\exists a \in \Delta^I$ 时，如果 $a \in E^I$ 成立，那么 $a \in F^I$ 成立，并且如果 $a \in E^I$ 成立，那么 $a \in F^I$ 成立。

2.2.3　描述逻辑 DL-MCP 的公理及其解释说明

描述逻辑 DL-MCP 具有一些特性，本节将基于公理的角度来对 DL-MCP 系统的特性进行探讨。本节首先将建立 DL-MCP 的逻辑公理体系，然后对所建立的公理体系中的公理进行说明，以及对这些公理的合理性进行解释。2.3 节将证明 DL-MCP 涉及的命题，然后通过证明建立 DL-MCP 系统的相关性质。2.4 节将通过证明来讨论 DL-MCP 系统的无矛盾性、可靠性等性质。

DL-MCP 的公式集合是在 DL-MCP 语法的基础上通过相关公理扩展而成的，用到的公理具体如下。

1. DL-MCP 的公理

DL-MCP 系统包含如下公理。

公理 2.1　$\vdash \neg \alpha \sqcup (\neg \beta \sqcup \alpha)$。

公理 2.1 的等价式为 $\vdash \alpha \rightarrow (\beta \rightarrow \alpha)$。

公理 2.2　$\vdash \neg (\neg \alpha \sqcup (\neg \beta \sqcup \chi)) \sqcup (\neg (\neg \alpha \sqcup \beta) \sqcup (\neg \alpha \sqcup \chi))$。

公理 2.2 的等价式为 $\vdash (\alpha \rightarrow (\beta \rightarrow \chi)) \rightarrow ((\alpha \rightarrow \beta) \rightarrow (\alpha \rightarrow \chi))$。

公理 2.3　$\vdash \neg (\alpha \sqcup \neg \beta) \sqcup (\neg \beta \sqcup \alpha)$。

公理 2.3 的等价式为 $\vdash (\neg \alpha \rightarrow \neg \beta) \rightarrow (\beta \rightarrow \alpha)$。

公理 2.4　$\vdash \neg (\exists r.C \sqcup \exists r.D) \sqcup \exists r.(C \sqcup D)$。

公理 2.4 的等价式为 $\vdash \exists r.C \sqcup \exists r.D \rightarrow \exists r.(C \sqcup D)$。

公理 2.5　$\vdash \neg \exists r.(\neg C \sqcup \neg D) \sqcup \neg (\neg \exists r.C \sqcup \neg \exists r.D)$。

公理 2.5 的等价式为 $\vdash \exists r.(C \sqcap D) \rightarrow \exists r.C \sqcap \exists r.D$。

公理 2.6　$\vdash (\neg \exists r.C \sqcup \exists r. \neg D) \sqcup \exists r. \neg (\neg C \sqcup \neg D)$。

公理 2.6 的等价式为 $\vdash (\exists r.C \sqcap \forall r.D) \rightarrow \exists r.(C \sqcap D)$。

公理 2.7　$\vdash \neg (\exists r.E \sqcup \exists r.F) \sqcup \exists r.(E \sqcup F)$。

公理 2.7 的等价式为 $\vdash \exists r.E \sqcup \exists r.F \rightarrow \exists r.(E \sqcup F)$。

公理 2.8　$\vdash \neg \exists r.(\neg E \sqcup \neg F) \sqcup \neg (\neg \exists r.E \sqcup \neg \exists r.F)$。

公理 2.8 的等价式为 $\vdash \exists r.(E \sqcap F) \rightarrow \exists r.E \sqcap \exists r.F$。

公理 2.9　$\vdash (\neg \exists r.E \sqcup \exists r.\neg F) \sqcup \exists r.\neg (\neg E \sqcup \neg F)$。

公理 2.9 的等价式为 $\vdash (\exists r.E \sqcap \forall r.F) \rightarrow \exists r.(E \sqcap F)$。

公理 2.10　$\vdash \neg (\exists r\text{-}.C \sqcup \exists r\text{-}.D) \sqcup \exists r\text{-}.(C \sqcup D)$。

公理 2.10 的等价式为 $\vdash \exists r\text{-}.C \sqcap \exists r\text{-}.D \rightarrow \exists r\text{-}.(C \sqcap D)$。

公理 2.11　$\vdash \neg \exists r\text{-}.(\neg C \sqcup \neg D) \sqcup \neg (\neg \exists r\text{-}.C \sqcup \neg \exists r\text{-}.D)$。

公理 2.11 的等价式为 $\vdash \exists r\text{-}.(C \sqcap D) \rightarrow \exists r\text{-}.C \sqcap \exists r\text{-}.D$。

公理 2.12　$\vdash (\neg \exists r\text{-}.C \sqcup \exists r\text{-}.\neg D) \sqcup \exists r\text{-}.\neg (\neg C \sqcup \neg D)$。

公理 2.12 的等价式为 $\vdash (\exists r\text{-}.C \sqcap \forall r\text{-}.D) \rightarrow \exists r\text{-}.(C \sqcap D)$。

公理 2.13　$\vdash \neg \exists r\text{-}.\forall r.E \sqcup E$。

公理 2.13 的等价式为 $\vdash \exists r\text{-}.\forall r.E \rightarrow E$。

公理 2.14　$\vdash \neg \exists r.\forall r\text{-}.C \sqcup C$。

公理 2.14 的等价式为 $\vdash \exists r.\forall r\text{-}.C \rightarrow C$。

公理 2.15　如果 $\vdash \alpha(c)$，并且 $\vdash \alpha \rightarrow \beta$，那么 $\vdash \beta(c)$。

公理 2.16　如果 $\vdash \alpha \rightarrow \beta$，并且 $\vdash \beta \rightarrow \alpha$，那么 $\vdash \alpha \leftrightarrow \beta$。

公理 2.17　如果 $\vdash \alpha \rightarrow \beta$，并且 $\vdash \beta \rightarrow \chi$，那么 $\vdash \alpha \rightarrow \chi$。

公理 2.18　$\vdash \alpha \rightarrow \beta \sqcap \chi$ iff $\vdash \alpha \rightarrow \beta$ 且 $\vdash \alpha \rightarrow \chi$。

公理 2.19　$\vdash C \rightarrow [T]C$。

公理 2.20　$\vdash R \rightarrow [T]R$。

其中，α, β, χ 同为概念或者同为类物元；C，D 为概念；E，F 为类物元；r 为关系；T 为可拓变换。

2. DL-MCP 系统中的公理的说明及解释

对以上 DL-MCP 的公理的解释和说明具体如下所示。

公理 2.1、公理 2.2、公理 2.3 是命题逻辑里面的公理，各表达的意思与命题逻辑里面的相同。

公理 2.4 $\exists r.C \sqcup \exists r.D \rightarrow \exists r.(C \sqcup D)$ 表示在论域 Δ^I 中，若有概念其实例个体与概念 C 的实例个体有关系 r 成立或有概念其实例个体与概念 D 的实例个体有关系 r 成立，那么有概念其实例个体与概念 C 或 D 的实例个体有关系 r 成立。

公理 2.5 $\exists r.(C \sqcap D) \rightarrow \exists r.C \sqcap \exists r.D$ 表示在论域 Δ^I 中，若存在概念，该概念对应的实例个体与概念 C 与 D 同时包含的实例个体之间存在关系 r，那么也就存在概念，该概念对应的实例个体和概念 C 的实例个体之间有关系 r 并且同时存在概念，其实例个体和概念 D 的实例个体之间有关系 r。

公理 2.6 $(\exists r.C \sqcap \forall r.D) \rightarrow \exists r.(C \sqcap D)$ 表示在论域 Δ^I 中，若有概念其实例个体与概念 C 的实例个体有关系 r 成立且有概念其实例个体与一些实例个体(这些实例个体都属于概念 D)有关系 r 成立，那么有概念其实例个体与概念 C 和 D 的相同实例个体有关系 r 也成立。

公理 2.7 $\exists r.E \sqcup \exists r.F \rightarrow \exists r.(E \sqcup F)$ 表示在论域 Δ^I 中，若有类物元其实例个体与类物元 E 的实例个体有关系 r 成立或有类物元其实例个体与类物元 F 的实例个体有关系 r 成立，那么有类物元其实例个体与类物元 E 或 F 中的实例个体有 r 关系成立。

公理 2.8 $\exists r.(E \sqcap F) \rightarrow \exists r.E \sqcap \exists r.F$ 表示在论域 Δ^I 中，若有类物元其实例个体与类物元 E 和 F 的相同实例个体有关系 r 成立，那么有类物元其实例个体与类物元 E 的实例个体有关系 r 成立且有类物元其实例个体与类物元 F 的实例个体有关系 r 也成立。

公理 2.9 $(\exists r.E \sqcap \forall r.F) \rightarrow \exists r.(E \sqcap F)$ 表示在论域 Δ^I 中，若有类物元其实例个体与类物元 E 的实例个体有关系 r 成立，并且有类物元其实例个体与实例个体(它们均属于类物元 F)有关系 r 成立,那么有类物元其实例个体与类物元 E 和 F 的相同实例个体有关系 r 也成立。

公理 2.10 $\exists r\text{-}.C \sqcap \exists r\text{-}.D \rightarrow \exists r\text{-}.(C \sqcap D)$ 表示在论域 Δ^I 中，若有概念其实例个体与概念 C 的实例个体有关系 r-成立或有概念其实例个体与概念 D 的实例个体有关系 r-成立，那么有概念其实例个体与概念 C 或 D 的实例个体有关系 r-成立。

公理 2.11 $\exists r\text{-}.(C \sqcap D) \rightarrow \exists r\text{-}.C \sqcap \exists r\text{-}.D$ 表示在论域 Δ^I 中，若有概念其实例个体与概念 C 和 D 的相同实例个体有关系 r-成立，那么有概念其实例个体与概念 C 的实例个体有关系 r-成立且有概念其实例个体与概念 D 的实例个体有关系 r-也成立。

公理 2.12 $(\exists r\text{-}.C \sqcap \forall r\text{-}.D) \rightarrow \exists r\text{-}.(C \sqcap D)$ 表示在论域 Δ^I 中，如果存在概念其实例个体与概念 C 的实例个体有关系 r-成立且有概念其实例个体与一些实例个体(这些实例个体都属于概念 D)有关系 r-成立，那么有概念其实例个体与概念 C 和 D 的相同实例个体有关系 r-也成立。

公理 2.13 $\exists r\text{-}.\forall r.E \rightarrow E$ 表示在论域 Δ^I 中，与一实例个体集(要求该实例个体集的实例个体与类物元 E 中的实例个体存在关系 r)中的实例个体存在关系 r-的实例个体集构成的类物元可满足，那么类物元 E 也可满足。

公理 2.14 $\exists r.\forall r\text{-}.C \rightarrow C$ 表示在论域 Δ^I 中，与一实例个体集(要求该实例个体集的实例个体与概念 C 中的实例个体存在关系 r-)中的实例个体存在关系 r 的实例个体集构成的概念可满足，那么概念 C 也可满足。

公理 2.15 如果 $\vdash \alpha(c)$，并且 $\vdash \alpha \rightarrow \beta$，那么 $\vdash \beta(c)$ 表示在论域 Δ^I 中，如果一个实例个体 c 是概念 α 中的实例个体，并且概念 α 蕴含(即包含于)概念 β，那么该实例个体 c 也是概念 β 中的实例个体；或者如果一个实例个体 c 是类物元 α 中的实例个体，且类物元 α 蕴含类物元 β，那么该实例个体 c 也是类物元 β 中的实例个体。

公理 2.16 如果⊢ $\alpha \to \beta$，并且⊢ $\beta \to \alpha$，那么⊢ $\alpha \leftrightarrow \beta$ 表示在论域 Δ^I 中，如果概念 α 蕴含(即包含于)概念 β，且概念 β 也蕴含(即包含于)概念 α，那么概念 α 等价于概念 β；或者如果类物元 α 蕴含类物元 β，且类物元 β 也蕴含类物元 α，那么类物元 α 等价于类物元 β。

公理 2.17 如果⊢ $\alpha \to \beta$，并且⊢ $\beta \to \chi$，那么⊢ $\alpha \to \chi$ 表示在论域 Δ^I 中，如果概念 α 蕴含(即包含于)概念 β，且概念 β 蕴含(即包含于)概念 χ，那么概念 α 蕴含(即包含于)概念 χ；或者如果类物元 α 蕴含类物元 β，且类物元 β 蕴含类物元 χ，那么类物元 α 蕴含类物元 χ。

公理 2.18 ⊢ $\alpha \to \beta \sqcap \chi$ iff⊢ $\alpha \to \beta$ 且⊢ $\alpha \to \chi$ 表示在论域 Δ^I 中,概念 α 蕴含(即包含于)概念 β 与 χ 构成的概念，当且仅当概念 α 蕴含(即包含于)概念 β 并且概念 α 蕴含(即包含于)概念 χ；或者类物元 α 蕴含类物元 β 和 χ 的交，当且仅当类物元 α 蕴含类物元 β 且类物元 α 蕴含类物元 χ。

公理 2.19 ⊢ $C \to [T]C$ 表示在论域 Δ^I 中，如果有个体实例属于概念 C，那么经过可拓变换 T，即对概念 C 的关联规则变换或者对论域中个体变换后个体实例属于概念 C。

公理 2.20 ⊢ $R \to [T]R$ 表示在论域 Δ^I 中，如果有关系实例属于关系 R，那么经过可拓变换 T 后，即对关系 R 的关联规则变换或者对论域中个体变换后关系实例属于关系 R。

由于后面章节要用到 DL-MCP 的语法证明、语法推论、语义推论等概念，下面先对它们进行定义。

定义 2.13(语法"证明") 假设 $\Gamma \subseteq L$, $\alpha \in L$。当要表达"φ 是从 Γ 可证的"时，指的是存在 L 元素的一个序列 $\alpha_1, \alpha_2, \cdots, \alpha_n$(要求该序列是有限的)，其中 $\alpha_n = \alpha$，并且每个元素 α_k ($k = 1, 2, \cdots, n$)需满足如下要求：

(1) $\alpha_k \in \Gamma$;

(2) α_k 是 DL-MCP 的"公理"；

(3) 存在自然数 i, j, k(其中 i, $j < k$)，使得 $a_j = a_i \to \alpha_k$。

满足上面所列性质的有限序列 $\alpha_1, \alpha_2, \cdots, \alpha_n$ 称为 α 从 Γ 的"证明"。

定义 2.14(语法推论) 假设 $\Gamma \subseteq L$, $\alpha \in L$。在此基础上做如下规定：

(1)如果 α 是从 Γ 可证，则把其记为 $\Gamma \vdash \alpha$，这时把 Γ 里面的公式称为"假设"，α 称为 Γ 的语法推论。

(2)如果 $\varnothing \vdash \alpha$，那么称 α 是 DL-MCP 系统里面的"定理"，记为⊢ α。α 在 DL-MCP 系统里面从 $\varnothing$ 的证明，把其简单称为在 DL-MCP 系统里面的证明。

(3)在某一证明里面，如果 $a_j = a_i \to \alpha_k$ ($i, j < k$)成立，那么称 α_k 是由 a_i, $a_i \to \alpha_k$ 通过采用假言推理得到，也可以说由"MP"而得。

定义 2.15(有效实例个体) 假设 $\Gamma \subseteq L$，$\alpha \in L$，$u \in CS$ 或 $u \in ES$。给某种解释 $\bullet^I$，若 $\alpha \in I(u)$ 成立，那么把 u 称为 α 的有效实例个体。

定义 2.16(语义推论) 假定 $\Gamma \subseteq L$，$\alpha \in L$。如果 Γ 中所有公式的任意公共有效实例个体全部为 α 的有效实例个体，那么把 α 称为 Γ 的语义推论，记为 $\Gamma \vDash \alpha$。

2.3 描述逻辑 DL-MCP 的基本性质

通过证明可以得到 DL-MCP 系统具有如下定理、命题和性质。

定理 2.1(演绎定理) $\Gamma \cup \{\alpha\} \vdash \beta$ iff $\Gamma \vdash \alpha \rightarrow \beta$。

由 2.2 节的公理可推出下面的结果。

命题 2.1 $\vdash \alpha \rightarrow \alpha$。

命题 2.2 $\vdash \neg \alpha \rightarrow (\alpha \rightarrow \beta)$。

命题 2.3 $\vdash (\neg \alpha \rightarrow \alpha) \rightarrow \alpha$。

命题 2.4 $(\alpha \rightarrow \beta) \rightarrow (\neg \beta \rightarrow \neg \alpha)$(即换位律)。

命题 2.5 $\neg (\alpha \rightarrow \beta) \rightarrow (\beta \rightarrow \alpha)$。

定理 2.2(反证律)。

$$\left.\begin{array}{c}\Gamma \cup \{\neg \alpha\} \vdash \beta \\ \Gamma \cup \{\neg \alpha\} \vdash \neg \beta\end{array}\right\} \Gamma \vdash \alpha$$

定理 2.3(归谬律)

$$\left.\begin{array}{c}\Gamma \cup \{\alpha\} \vdash \beta \\ \Gamma \cup \{\alpha\} \vdash \neg \beta\end{array}\right\} \Gamma \vdash \alpha$$

命题 2.6 $\neg (\alpha \rightarrow \beta) \rightarrow \neg \beta$。

命题 2.7 $\neg (\alpha \rightarrow \beta) \rightarrow \alpha$。

除此之外，DL-MCP 系统还有如下性质。

性质 2.1 ① $\alpha \sqcap \alpha \leftrightarrow \alpha$；② $\alpha \sqcup \alpha \leftrightarrow \alpha$(即幂等律)。

性质 2.2 ① $\alpha \sqcap \beta \leftrightarrow \beta \sqcap \alpha$；② $\alpha \sqcup \beta \leftrightarrow \beta \sqcup \alpha$(即交换律)。

性质 2.3 ① $(\alpha \sqcap \beta) \sqcap \chi \leftrightarrow \alpha \sqcap (\beta \sqcap \chi)$；② $(\alpha \sqcup \beta) \sqcup \chi \leftrightarrow \alpha \sqcup (\beta \sqcup \chi)$(即结合律)。

性质 2.4 ① $\alpha \sqcup (\beta \sqcap \chi) \leftrightarrow (\alpha \sqcup \beta) \sqcap (\alpha \sqcup \chi)$；② $\alpha \sqcap (\beta \sqcup \chi) \leftrightarrow (\alpha \sqcap \beta) \sqcup (\alpha \sqcap \chi)$(即分配律)。

性质 2.5 ① $\alpha \sqcup \perp \leftrightarrow \alpha$；② $\alpha \sqcap \top \leftrightarrow \alpha$(即同一律)。

性质 2.6 ① $\alpha \sqcup \top \leftrightarrow \top$；② $\alpha \sqcap \perp \leftrightarrow \perp$。

性质 2.7 $\neg \alpha \sqcup \alpha \leftrightarrow \top$(即排中律)。

性质 2.8 $\alpha \sqcap \neg \alpha \leftrightarrow \perp$(即矛盾律)。

性质 2.9　①$\alpha \sqcup (\alpha \sqcap \beta) \leftrightarrow \alpha$；②$\alpha \sqcap (\alpha \sqcup \beta) \leftrightarrow \alpha$（即吸收律）。

性质 2.10　①$\neg(\alpha \sqcap \beta) \leftrightarrow \neg\alpha \sqcup \neg\beta$；②$\neg(\alpha \sqcup \beta) \leftrightarrow \neg\alpha \sqcap \neg\beta$（即 De. organ 律）。

性质 2.11　①$\neg\bot \leftrightarrow \top$；②$\neg\top \leftrightarrow \bot$（即余补律）。

性质 2.12　$\neg\neg\alpha \leftrightarrow \alpha$（即双重否定律）。

命题 2.8　$\vdash \forall r.(C \sqcup D) \rightarrow \forall r.C \sqcup \forall r.D$。

命题 2.9　$\vdash \forall r.(C \sqcap D) \rightarrow \forall r.C \sqcap \forall r.D$。

命题 2.10　$\vdash \forall r.(E \sqcup F) \rightarrow \forall r.E \sqcup \forall r.F$。

命题 2.11　$\vdash \forall r.(E \sqcap F) \rightarrow \forall r.E \sqcap \forall r.F$。

命题 2.12　$\vdash \forall r\text{-}.(C \sqcup D) \rightarrow \forall r\text{-}.C \sqcup \forall r.D$。

命题 2.13　$\vdash \forall r\text{-}.(C \sqcap D) \rightarrow \forall r\text{-}.C \sqcap \forall r.D$。

以上定理、命题、性质的证明，因篇幅所限，不一一列举。

2.4　描述逻辑 DL-MCP 形式化系统的可靠性

下面讨论 DL-MCP 系统的语法推论与语义推论之间的关系，以此来建立 DL-MCP 系统的性质——语法推论与语义推论之间的相关性质：$\Gamma \vdash \alpha \Rightarrow \Gamma \vDash \alpha$。

通过证明可以得到 DL-MCP 系统满足如下定理、命题和引理。

定理 2.4　DL-MCP 系统里面的所有公理都是有效式。

命题 2.14　$\Gamma \vDash \alpha$ 并且 $\Gamma \vDash \alpha \rightarrow \beta$，那么 $\Gamma \vDash \beta$。

定理 2.5　（DL-MCP 系统的可靠性）$\Gamma \vdash \alpha \Rightarrow \Gamma \vDash \alpha$。

定理 2.6　（DL-MCP 系统的无矛盾性）不存在公式 α 使得 $\Gamma \vdash \alpha$ 与 $\Gamma \vdash \neg\alpha$ 同时成立。

引理 2.1　DL-MCP 系统的 $L(x)$ 为可数集。

以上定理、命题、引理的证明，因篇幅所限，不一一列举。

2.5　基于描述逻辑 DL-MCP 炼焦过程的形式化描述

2.5.1　炼焦过程工艺流程简述

符合配煤要求的洗精煤经过备煤车间进来，通过输煤栈桥把其运送到煤塔，当装煤车开到煤塔下方时，摇动给料机不断地把洗精煤送到装煤车里，然后装煤车将配合煤按照装煤要求送入炭化室。配合煤在一定的温度下干燥后干馏，大约经过 20 小时的干燥干馏以后，配合煤变成成熟的焦炭，推焦车对成熟的焦炭进行推焦，通过拦焦车导焦栅把成熟的焦炭推出并把它落入焦罐车内，焦罐车把焦炭送到干熄焦装置，在干熄焦装置里面进行熄焦，等到焦炭被冷却到 200℃以下之后，排焦装置把冷却以后的焦炭卸到胶带机上，胶带机经过炉前焦仓把焦炭送到筛焦系统。湿熄焦系统在干熄焦装置检修时使用。炼焦工艺流程如图 2.1 所示。

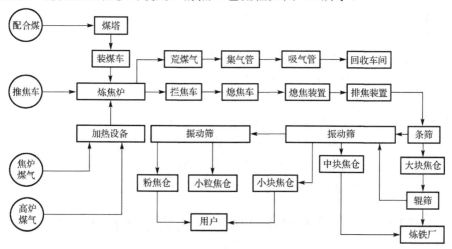

图 2.1　炼焦工艺流程

　　煤在干馏过程中会产生荒煤气，这些荒煤气通过炭化室顶部、上升管、桥管，最后汇集到集气管。在桥管、集气管部分，用压力大约为 0.3MPa，温度为 70～78℃的循环氨水对荒煤气进行喷洒，喷洒后让荒煤气冷却，即让温度大约为 700℃的荒煤气冷却到温度为 80～84℃，冷却后的荒煤气经过吸气弯管、吸气管被抽吸到冷鼓工段。焦油和氨水在集气管里面被冷凝，然后通过焦油盒、吸气主管把冷凝后的焦油和氨水一起吸收到冷鼓工段。

　　在焦炉中，经过外管把用来加热的回炉煤气和高炉煤气送到焦炉，加热回炉煤气通过煤气总管、煤气预热器、煤气主管、煤气支管然后被送到各燃烧室。高炉煤气经煤气总管、煤气分管、连接管和废气盘进入焦炉的蓄热室。煤气在燃烧室内与经过蓄热室预热的空气边混合边燃烧，混合后的煤气、空气在燃烧室由于部分废气循环，火焰加长，从而高向加热更加均匀合理，燃烧烟气温度可达 1400℃左右，燃烧后的废气经跨越孔、立火道、斜道，在蓄热室与格子砖换热后经分烟道、总烟道，最后从烟囱排入大气。

　　装煤过程与推焦过程中逸散的烟尘分别经导烟车与除尘拦焦车汇集到各自的除尘干管，接着送至地面除尘站处理后达标排放。

2.5.2　炼焦过程语义化要素的提取

1. 炼焦过程相关概念提取

炼焦过程相关概念提取如下。

备煤车间、煤塔、炭化室、焦罐车、干熄焦装置、湿熄焦系统、排焦装置、炉前焦仓、胶带机、装煤车、推焦车、拦焦车、熄焦车、炼焦炉、焦炉煤气、高炉煤气、荒煤气、集气管、吸气管、焦台、筛焦系统、振动筛、条筛、辊筛、大块焦仓、中块焦仓、小块焦仓、小粒焦仓、粉粒焦仓、炼铁厂等。

2. 炼焦过程相关物元提取

炼焦过程相关物元提取如下。

(1)配合煤。

$$
C_{配合} = \begin{bmatrix}
配合煤, & 存在位置, & *** \\
& 配煤组成, & *** \\
& 水分, & \% \\
& 灰分, & \% \\
& 挥发分, & \% \\
& 硫分, & \% \\
& 胶质层厚度, & mm \\
& 膨胀压力, & Pa \\
& 细度, & \% \\
& 其他, & **
\end{bmatrix}
$$

该描述是配合煤的物元表示，其表达的意思为：配合煤通过属性存放位置、配煤组成、水分、灰分、挥发分、硫分、胶质层厚度、膨胀压力、细度、其他及这些属性的值来描述。其中，*代表具体情况下用具体的值来表达，下同。

(2)焦炭。

$$
C_{焦炭} = \begin{bmatrix}
焦炭, & 存放位置, & *** \\
& 碳, & \% \\
& 氢, & \% \\
& 氧, & \% \\
& 氮, & \% \\
& 硫, & \% \\
& 其他, & \%
\end{bmatrix}
$$

该描述从元素分析角度进行焦炭的物元表示，其表达的意思为：焦炭通过属性存放位置、碳含量、氢含量、氧含量、氮含量、硫含量、其他含量及这些属性的值来描述。

$$
C_{焦炭} = \begin{bmatrix} 焦炭， & 存放位置，*** \\ & 密度,1.4g \cdot cm^{-2} \\ & 水分,2\% \sim 6\% \\ & 灰分,12\% \sim 15\% \\ & 挥发分,1.9\% \\ & 固定碳,90.5\% \\ & 温度,***℃ \\ & 抗跌落强度(M40),83\% \sim 92\% \\ & 耐磨强度(M10),10.5\% \end{bmatrix}
$$

该描述从工业分析的角度来进行焦炭的物元表示，其表达的意思为：焦炭的存放位置为***、密度为 $1.4\,g \cdot cm^{-2}$、水分为 2%～6%、灰分为 12%～15%、挥发分为 1.9%、固定碳为 90.5%、温度为***℃、抗跌落强度为(M40) 83%～92%、耐磨强度为(M10) 10.5%。

(3)焦炉煤气。

$$
G_{焦炉} = \begin{bmatrix} 焦炉煤气， & 存放位置，*** \\ & 氢,50\% \sim 60\% \\ & 甲烷,20\% \sim 30\% \\ & 一氧化碳,5\% \sim 8\% \\ & 二氧化碳,1.5\% \sim 3\% \\ & 氮气,3\% \sim 8\% \\ & 氧气,0.3\% \sim 0.8\% \\ & 不饱和烃,2\% \sim 4\% \\ & 温度,***℃ \end{bmatrix}
$$

该描述是焦炉煤气的物元表示，其表达的意思为：焦炉煤气的存放位置为***、氢含量为 50%～60%、甲烷含量为 20%～30%、一氧化碳含量为 5%～8%、二氧化碳含量为 1.5%～3%、氮气含量为 3%～8%、氧气含量为 0.3%～0.8%、不饱和烃含量为 2%～4%、温度为***℃。

(4)干馏煤气。

$$
G_{干馏} = \begin{bmatrix} 干馏煤气， & 存放位置，*** \\ & 氢,50\% \sim 60\% \\ & 甲烷,20\% \sim 30\% \\ & 一氧化碳,5\% \sim 8\% \\ & 二氧化碳,1.5\% \sim 3\% \\ & 氮气,3\% \sim 8\% \\ & 氧气,0.3\% \sim 0.8\% \\ & 不饱和烃,2\% \sim 4\% \\ & 温度,***℃ \end{bmatrix}
$$

该描述是干馏煤气的物元表示，其表达的意思为：干馏煤气的存放位置为***、氢含量为 50%~60%、甲烷含量为 20%~30%、一氧化碳含量为 5%~8%、二氧化碳含量为 1.5%~3%、氮气含量为 3%~8%、氧气含量为 0.3%~0.8%、不饱和烃含量为 2%~4%、温度为***℃。

(5)高炉煤气。

$$G_{高炉} = \begin{bmatrix} 高炉煤气, & 存放位置,*** \\ & 氢,1\%\sim2\% \\ & 一氧化碳,26\%\sim30\% \\ & 二氧化碳,14\%\sim16\% \\ & 氮气,57\%\sim59\% \\ & 氧气,0.1\%\sim1\% \\ & 温度,***℃ \end{bmatrix}$$

该描述是高炉煤气的物元表示，其表达的意思为：高炉煤气的存放位置为***、氢含量为 1%~2%、一氧化碳含量为 26%~30%、二氧化碳含量为 14%~16%、氮气含量为 57%~59%、氧气含量为 0.1%~1%、温度为***℃。

(6)空气。

$$G_{空气} = \begin{bmatrix} 空气, & 存在位置,*** \\ & 氮气,78\% \\ & 氧气,21\% \\ & 二氧化碳,0.03\% \\ & 稀有气体,0.94\% \\ & 其他,0.03\% \\ & 温度,***℃ \end{bmatrix}$$

该描述是空气的物元表示，其表达的意思为：空气的存放位置为***、氮气含量为 78%、氧气含量为 21%、二氧化碳含量为 0.03%、稀有气体含量为 0.94%、其他的含量为 0.03%、温度为***℃。

(7)废气。

$$G_{废气} = \begin{bmatrix} 废气, & 存放位置,*** \\ & 二氧化碳,16.9\% \\ & 一氧化碳,0.1\% \\ & 氮气,69.85\% \\ & 氧气,2\% \\ & 其他,10.15\% \\ & 温度,***℃ \end{bmatrix}$$

该描述是废气的物元表示，其表达的意思为：废气的存放位置为***、二氧化碳含量为 16.9%、一氧化碳含量为 0.1%、氮气含量为 69.85%、氧气含量为 2%、其他的含量为 10.15%、温度为***℃。

(8) 循环氨水。

$$W_{氨} = \begin{bmatrix} 氨水，存放位置,*** \\ 氨,***\% \\ 酚,***\% \\ 氰化物,***\% \\ 压力,***Pa \\ 流量,***m^3/s \\ 其他,***\% \\ 温度,***℃ \end{bmatrix}$$

该描述是循环氨水的物元表示，其表达的意思为：循环氨水的存放位置为***、氨含量为***%、酚含量为***%、氰化物含量为***%、压力为***Pa、流量为***m³/s、其他的含量为***%、温度为***℃。

3. 炼焦过程中相关变换提取

炼焦过程相关变换提取如下：运煤、装煤、干馏、推焦、运焦、熄焦、排焦、筛焦、汇集、煤气冷却、吸气、送气、预热、燃烧、换热、排气。变换的一般描述如下。

变换 T：

$$T = \begin{bmatrix} 变换名称，操作对象, a_1,\cdots,a_n \\ 前提条件，PT \\ 变换结果，ET \\ \vdots \end{bmatrix}$$

该描述是变换 T 的描述表达式，它表示变换 T 的操作对象为 $a_1,\cdots,a_n$，前提条件为 PT，变换结果为 ET，另外的变换属性描述用省略号代替。在后续描述变换时，没有列出的其他变换属性均用省略号代替。

整个炼焦过程变换描述为

变换=运煤⊔装煤⊔干馏⊔推焦⊔运焦⊔熄焦⊔排焦⊔筛焦⊔汇集⊔煤气冷却⊔吸气⊔送气⊔预热⊔燃烧⊔换热⊔排气

该描述表示炼焦过程由运煤、装煤、干馏、推焦、运焦、熄焦、排焦、筛焦、汇集、煤气冷却、吸气、送气、预热、燃烧、换热、排气等变换组成。

用 DL-CMP 符号记为

$$T = T_{进煤} \sqcup T_{装煤} \sqcup T_{干馏} \sqcup T_{推焦} \sqcup T_{运焦} \sqcup T_{熄焦} \sqcup T_{排焦} \sqcup T_{汇集} \sqcup T_{煤气冷却} \sqcup T_{吸气} \sqcup T_{送气1} \sqcup T_{送气2} \sqcup$$
$$T_{预热1} \sqcup T_{预热2} \sqcup T_{燃烧} \sqcup T_{换热} \sqcup T_{排气}$$

接下来用物元表示法描述各变换。

变换运煤表示为

$$T_{运煤} = \begin{bmatrix} 运煤，操作对象，配合煤 \\ 前提条件，经输煤栈桥 \\ 运煤结果，配合煤到煤塔 \\ \vdots \end{bmatrix}$$

该描述是变换运煤的描述式，它表示变换运煤的名称为运煤，操作对象为配合煤，前提条件为经输煤栈桥，运煤结果为配合煤到煤塔。

变换装煤表示为

$$T_{装煤} = \begin{bmatrix} 装煤，操作对象，配合煤 \\ 前提条件，经过装煤车装入 \\ 装煤结果，配合煤进入炭化室 \\ \vdots \end{bmatrix}$$

该描述是变换装煤的描述式，它表示变换装煤的名称为装煤，操作对象为配合煤，前提条件为经过装煤车装入，变换结果为配合煤进入炭化室。

变换干馏表示为

$$T_{干馏} = \begin{bmatrix} 干馏，操作对象，配合煤 \\ 前提条件，一定温度下，达到标准结焦时间 \\ 干馏结果，配合煤变焦炭、干馏煤气 \\ \vdots \end{bmatrix}$$

该描述是变换干馏的描述式，它表示变换干馏的名称为干馏，操作对象为配合煤，前提条件为一定温度下，达到标准结焦时间，干馏结果为配合煤变焦炭、干馏煤气。

变换推焦表示为

$$T_{推焦} = \begin{bmatrix} 推焦，操作对象，焦炭 \\ 前提条件，焦炭成熟，三车配合操作 \\ 推焦结果，焦炭推出到熄焦车 \\ \vdots \end{bmatrix}$$

该描述是变换推焦的描述式，它表示变换推焦的名称为推焦，操作对象为焦炭，前提条件为焦炭成熟，三车配合操作，变换结果为焦炭推出到熄焦车。

变换运焦表示为

$$T_{运焦} = \begin{bmatrix} 运焦，操作对象，红焦 \\ 前提条件，红焦已到焦罐 \\ 运焦结果，红焦过送到熄焦装置 \\ \vdots \end{bmatrix}$$

该描述是变换运焦的描述式，它表示变换运焦的名称为运焦，操作对象为红焦，前提条件为红焦已到焦罐，变换结果为红焦运送到熄焦装置。

变换熄焦表示为

$$T_{熄焦} = \begin{bmatrix} 熄焦，操作对象，焦炭 \\ 前提条件，焦炭送到熄焦装置 \\ 熄焦结果，焦炭冷却到200℃以下 \\ \vdots \end{bmatrix}$$

该描述是变换熄焦的描述式，它表示变换熄焦的名称为熄焦，操作对象为焦炭，前提条件为焦炭送到熄焦装置，变换结果为焦炭冷却到200℃以下。

变换排焦表示为

$$T_{排焦} = \begin{bmatrix} 排焦，操作对象，焦炭 \\ 前提条件，焦炭已冷却 \\ 排焦结果，焦炭送到筛焦系统 \\ \vdots \end{bmatrix}$$

该描述是变换排焦的描述式，它表示变换排焦的名称为排焦，操作对象为焦炭，前提条件为焦炭已冷却，变换结果为焦炭送到筛焦系统。

变换筛焦表示为

$$T_{筛焦} = \begin{bmatrix} 筛焦，操作对象，焦炭 \\ 前提条件，焦炭至筛焦楼，筛分设备备好 \\ 筛焦结果，焦炭分级存储 \\ \vdots \end{bmatrix}$$

该描述是变换筛焦的描述式，它表示变换筛焦的名称为筛焦，操作对象为焦炭，前提条件为焦炭至筛焦楼，筛分设备备好，变换结果为焦炭分级存储。

变换汇集表示为

$$T_{汇集} = \begin{bmatrix} 汇集，操作对象，干馏煤气 \\ 前提条件，干馏产生煤气 \\ 汇集结果，煤气汇入集气管 \\ \vdots \end{bmatrix}$$

该描述是变换汇集的描述式，它表示变换汇集的名称为汇集，操作对象为干馏煤气，前提条件为干馏产生煤气，变换结果为煤气汇入集气管。

变换煤气冷却表示为

$$T_{煤气冷却} = \begin{bmatrix} 煤气冷却，操作对象，干馏煤气 \\ 前提条件，煤气在焦气管、桥管处 \\ 冷却结果，干馏煤气降温至80℃左右 \\ \vdots \end{bmatrix}$$

该描述是变换煤气冷却的描述式，它表示变换煤气冷却的名称为煤气冷却，操作对象为干馏煤气，前提条件为煤气在集气管、桥管处，变换结果为干馏煤气降温至 80℃左右。

变换吸气表示为

$$T_{吸气} = \begin{bmatrix} 吸气，操作对象，煤气 \\ 前提条件，煤气冷却到80℃左右 \\ 吸气结果，煤气吸至冷鼓工段 \\ \vdots \end{bmatrix}$$

该描述是变换吸气的描述式，它表示变换吸气的名称为吸气，操作对象为煤气，前提条件为煤气冷却到 80℃左右，变换结果为煤气吸至冷鼓工段。

变换送气表示为 $T_{送气1}$、$T_{送气2}$，如下所示：

$$T_{送气1} = \begin{bmatrix} 送气1，操作对象，高炉煤气 \\ 前提条件，外管中有高炉煤气 \\ 送气结果，煤气送至焦炉 \\ \vdots \end{bmatrix}$$

该描述是变换送高炉煤气的描述式，它表示变换送高炉煤气的名称为送气 1，操作对象为高炉煤气，前提条件为外管中有高炉煤气，变换结果为煤气送至焦炉。

$$T_{送气2} = \begin{bmatrix} 送气2，操作对象，焦炉煤气 \\ 前提条件，经总管、预热器、主管、支管 \\ 送气结果，煤气送至焦炉 \\ \vdots \end{bmatrix}$$

该描述是变换送焦炉煤气的描述式，它表示变换送焦炉煤气的名称为送气 2，操作对象为焦炉煤气，前提条件为经总管、预热器、主管、支管，变换结果为煤气送至焦炉。

变换预热表示为 $T_{预热1}$、$T_{预热2}$、$T_{预热3}$，如下所示。

$$T_{预热1} = \begin{bmatrix} 预热1，操作对象，空气 \\ 前提条件，蓄热室中有空气 \\ 预热结果，空气变为热空气 \\ \vdots \end{bmatrix}$$

该描述是变换预热空气的描述式，它表示变换预热空气的名称为预热 1，操作对象为空气，前提条件为蓄热室中有空气，变换结果为空气变为热空气。

$$T_{预热2} = \begin{bmatrix} 预热2，操作对象，高炉煤气 \\ 前提条件，蓄热室中有高炉煤气 \\ 预热结果，高炉煤气变为热煤气 \\ \vdots \end{bmatrix}$$

该描述是变换预热高炉煤气的描述式，它表示变换预热高炉煤气的名称为预热 2，操作对象为高炉煤气，前提条件为蓄热室中有高炉煤气，变换结果为高炉煤气变为热煤气。

$$T_{预热3} = \begin{bmatrix} 预热3，操作对象，焦炉煤气 \\ 前提条件，煤气主管中有焦炉煤气 \\ 预热结果，焦炉煤气预热至50℃以上 \\ \vdots \end{bmatrix}$$

该描述是变换预热焦炉煤气的描述式，它表示变换预热焦炉煤气的名称为预热 3，操作对象为焦炉煤气，前提条件为煤气主管中有焦炉煤气，变换结果为焦炉煤气预热至 50℃以上。

变换燃烧表示为

$$T_{燃烧} = \begin{bmatrix} 燃烧，操作对象，空气，煤气 \\ 前提条件，空气，煤气已混合、预热 \\ 燃烧结果，产生火焰、废气，温度达1400℃ \\ \vdots \end{bmatrix}$$

该描述是变换燃烧的描述式，它表示变换燃烧的名称为燃烧，操作对象为空气、煤气，前提条件为空气、煤气已混合、预热，变换结果为产生火焰、废气，温度达 1400℃。

变换换热表示为

$$T_{换热} = \begin{bmatrix} 换热，操作对象，废气 \\ 前提条件，废气经跨越孔、立火道、斜道、蓄热室 \\ 换热结果，热换给格子砖 \\ \vdots \end{bmatrix}$$

该描述是变换换热的描述式，它表示变换换热的名称为换热，操作对象为废气，前提条件为废气经跨越孔、立火道、斜道、蓄热室，变换结果为热换给格子砖。

变换排气表示为

$$
T_{排气} = \begin{bmatrix} 排气，操作对象，废气 \\ 前提条件，经分烟道、总烟道、烟囱 \\ 换热结果，废气排入大气 \\ \vdots \end{bmatrix}
$$

该描述是变换排气的描述式，它表示变换排气的名称为排气，操作对象为废气，前提条件为经分烟道、总烟道、烟囱，变换结果为废气排入大气。

2.5.3　炼焦过程语义化描述

(1)配合煤送到煤塔，然后再送到炭化室干燥干馏产生焦炭等的过程描述如下。

$$
C_{配合} = \begin{bmatrix} 配合煤，存放位置,*** \\ 配煤组成,*** \\ 水分,\% \\ 灰分,\% \\ 挥发分,\% \\ 硫分,\% \\ 胶质层厚度,mm \\ 膨胀压力,Pa \\ 细度,\% \\ 其他,** \end{bmatrix}
$$

① 合煤进到煤塔：

$$
[T_{运煤}]C_{配合} = \begin{bmatrix} 配合煤，存放位置,煤塔 \\ 配煤组成,*** \\ 水分,\% \\ 灰分,\% \\ 挥发分,\% \\ 硫分,\% \\ 胶质层厚度,mm \\ 膨胀压力,Pa \\ 细度,\% \\ 其他,** \end{bmatrix}
$$

该描述表示配合煤经过变换 $T_{运煤}$ 后存放位置变为煤塔，配合煤的组成、水分、灰分、挥发分、硫分、胶质层厚度、膨胀压力、细度、其他属性与进到煤塔前相同。

② 配合煤装入炭化室：

$$[T_{装煤}][T_{运煤}]C_{配合} = \begin{bmatrix} 配合煤, 存放位置, 炭化室 \\ 配煤组成, *** \\ 水分, \% \\ 灰分, \% \\ 挥发分, \% \\ 硫分, \% \\ 胶质层厚度, mm \\ 膨胀压力, Pa \\ 细度, \% \\ 其他, ** \end{bmatrix}$$

该描述表示已到煤塔里面的配合煤经过变换 $T_{装煤}$ 后放位置变为炭化室，配合煤的组成、水分、灰分、挥发分、硫分、胶质层厚度、膨胀压力、细度、其他与变换前一样。

③ 干馏：

$$[T_{干馏}][T_{装煤}][T_{运煤}]C_{配合} = C_{焦炭} \sqcup G_{干馏煤气} \sqcup \cdots$$

该描述表示在炭化室里面配合煤经过变换干馏 $T_{干馏}$ 后变为焦炭 $C_{焦炭}$、干馏煤气 $G_{干馏煤气}$ 和其他的生成物。

(2)对炼焦生成的焦炭的处理(包括推焦、熄焦、筛焦)描述如下。

$$C_{焦炭} = \begin{bmatrix} 焦炭, 存放位置, 炭化室 \\ 密度, 1.4g \cdot cm^{-2} \\ 水分, 2\% \sim 6\% \\ 灰分, 12\% \sim 15\% \\ 挥发分, 1.9\% \\ 固定碳, 90.5\% \\ 温度, 1100℃ \\ 抗跌落强度(M40), 83\% \sim 92\% \\ 耐磨强度(M10), 10.5\% \end{bmatrix}$$

① 推焦：

$$[T_{推焦}]C_{焦炭} = \begin{bmatrix} 焦炭, 存放位置, 熄焦车 \\ 密度, 1.4\mathrm{g\cdot cm}^{-2} \\ 水分, 2\% \sim 6\% \\ 灰分, 12\% \sim 15\% \\ 挥发分, 1.9\% \\ 固定碳, 90.5\% \\ 温度, 1100℃ \\ 抗跌落强度(M40), 83\% \sim 92\% \\ 耐磨强度(M10), 10.5\% \end{bmatrix}$$

该描述表示十燥十馏生成的焦炭经过变换推焦 $T_{推焦}$ 后存放位置变为熄焦车,焦炭的密度、水分、灰分、挥发分、固定碳、温度、抗跌落强度、耐磨强度与推焦前一致。

② 熄焦:

$$[T_{熄焦}][T_{推焦}]C_{焦炭} = \begin{bmatrix} 焦炭, 存放位置, 熄焦车 \\ 密度, 1.4\mathrm{g\cdot cm}^{-2} \\ 水分, 2\% \sim 6\% \\ 灰分, 12\% \sim 15\% \\ 挥发分, 1.9\% \\ 固定碳, 90.5\% \\ 温度, 200℃以下 \\ 抗跌落强度(M40), 83\% \sim 92\% \\ 耐磨强度(M10), 10.5\% \end{bmatrix}$$

该描述表示被推焦后的焦炭经过变换熄焦 $T_{熄焦}$ 后温度变为 200℃以下,焦炭的密度、水分、灰分、挥发分、固定碳、温度、抗跌落强度、耐磨强度与熄焦前相同。

③ 排焦:

$$[T_{排焦}][T_{熄焦}][T_{推焦}]C_{焦炭} = \begin{bmatrix} 焦炭, 存放位置, 筛焦系统 \\ 密度, 1.4\mathrm{g\cdot cm}^{-2} \\ 水分, 2\% \sim 6\% \\ 灰分, 12\% \sim 15\% \\ 挥发分, 1.9\% \\ 固定碳, 90.5\% \\ 温度, 200℃以下 \\ 抗跌落强度(M40), 83\% \sim 92\% \\ 耐磨强度(M10), 10.5\% \end{bmatrix}$$

该描述表示被熄焦后的焦炭经过变换排焦 $T_{排焦}$ 后存放位置变为筛焦系统，焦炭的密度、水分、灰分、挥发分、固定碳、温度、抗跌落强度、耐磨强度与排焦前相同。

④ 筛焦：

$$[T_{筛焦}][T_{排焦}][T_{熄焦}][T_{推焦}]C_{焦炭} = \begin{bmatrix} 焦炭，存放位置，分级焦仓 \\ 密度，1.4\mathrm{g}\cdot\mathrm{cm}^{-2} \\ 水分，2\%\sim6\% \\ 灰分，12\%\sim15\% \\ 挥发分，1.9\% \\ 固定碳，90.5\% \\ 温度，200℃以下 \\ 抗跌落强度(M40)，83\%\sim92\% \\ 耐磨强度(M10)，10.5\% \end{bmatrix}$$

该描述表示被排焦后的焦炭经过变换筛焦 $T_{筛焦}$ 后存放位置变为分级焦仓，焦炭的密度、水分、灰分、挥发分、固定碳、温度、抗跌落强度、耐磨强度与筛焦前一致。

(3) 对炼焦生成的煤气的处理过程描述如下。

$$G_{干馏} = \begin{bmatrix} 干馏煤气，存放位置，*** \\ 氢，50\%\sim60\% \\ 甲烷，20\%\sim30\% \\ 一氧化碳，5\%\sim8\% \\ 二氧化碳，1.5\%\sim3\% \\ 氮气，3\%\sim8\% \\ 氧气，0.3\%\sim0.8\% \\ 不饱和烃，2\%\sim4\% \\ 温度，700℃ \end{bmatrix}$$

① 汇集：

$$[T_{汇集}]G_{干馏} = \begin{bmatrix} 干馏煤气，存放位置，集气管 \\ 氢，50\%\sim60\% \\ 甲烷，20\%\sim30\% \\ 一氧化碳，5\%\sim8\% \\ 二氧化碳，1.5\%\sim3\% \\ 氮气，3\%\sim8\% \\ 氧气，0.3\%\sim0.8\% \\ 不饱和烃，2\%\sim4\% \\ 温度，700℃ \end{bmatrix}$$

该描述表示炼焦生成的干馏煤气经过变换汇集 $T_{汇集}$ 后存放位置变为集气管，干馏煤气的氢、甲烷、一氧化碳、二氧化碳、氮气、氧气、不饱和烃的含量不变，温度不变。

② 煤气冷却：

$$[T_{煤气冷却}][T_{汇集}]G_{干馏}=\begin{bmatrix} 干馏煤气，存放位置，集气管 \\ 氢,50\% \sim 60\% \\ 甲烷,20\% \sim 30\% \\ 一氧化碳,5\% \sim 8\% \\ 二氧化碳,1.5\% \sim 3\% \\ 氨气,3\% \sim 8\% \\ 氧气,0.3\% \sim 0.8\% \\ 不饱和氢,2\% \sim 4\% \\ 温度,84℃左右 \end{bmatrix}$$

该描述表示汇集到集气管里面的干馏煤气经过变换煤气冷却 $T_{煤气冷却}$ 后温度变为 84℃左右，干馏煤气的氢、甲烷、一氧化碳、二氧化碳、氮气、氧气、不饱和烃的含量以及存放位置与冷却前相同。

③ 吸气：

$$[T_{吸气}][T_{煤气冷却}[T_{汇集}]G_{干馏}=\begin{bmatrix} 干馏煤气，存放位置，冷鼓工段 \\ 氢,50\% \sim 60\% \\ 甲烷,20\% \sim 30\% \\ 一氧化碳,5\% \sim 8\% \\ 二氧化碳,1.5\% \sim 3\% \\ 氮气,3\% \sim 8\% \\ 氧气,0.3\% \sim 0.8\% \\ 不饱和烃,2\% \sim 4\% \\ 温度,84℃左右 \end{bmatrix}$$

该描述表示经过冷却后的干馏煤气经过变换吸气 $T_{吸气}$ 后存放位置变为冷鼓工段，干馏煤气的氢、甲烷、一氧化碳、二氧化碳、氮气、氧气、不饱和烃的含量以及温度与吸气变换前相同。

(4)对炼焦的循环氨水的处理过程描述如下。

$$W_{氨} = \begin{bmatrix} 氨水，存放位置,集气管 \\ 氨,***\% \\ 酚,***\% \\ 氰化物,***\% \\ 压力,0.3Pa \\ 流量,***m^3/s \\ 其他,***\% \\ 温度,70 \sim 80℃ \end{bmatrix}$$

吸收氨水：

$$[T_{吸气}]W_{氨} = \begin{bmatrix} 氨水，存放位置,冷鼓工段 \\ 氨,***\% \\ 酚,***\% \\ 氰化物,***\% \\ 压力,0.3Pa \\ 流量,***m^3/s \\ 其他,***\% \\ 温度,70 \sim 80℃ \end{bmatrix}$$

该描述表示炼焦用的循环氨水经过变换吸收氨水 $T_{吸气}$ 后存放位置变为冷鼓工段，氨水的氨、酚、氰化物含量不变，氨水压力、流量、温度、其他属性不变。

(5)加热煤气送到焦炉与空气混合，燃烧产生热量、废气的过程描述如下。

$$G_{焦炉} = \begin{bmatrix} 焦炉煤气，存放位置,外管 \\ 氢,50\% \sim 60\% \\ 甲烷,20\% \sim 30\% \\ 一氧化碳,5\% \sim 8\% \\ 二氧化碳,1.5\% \sim 3\% \\ 氮气,3\% \sim 8\% \\ 氧气,0.3\% \sim 0.8\% \\ 不饱和烃,2\% \sim 4\% \\ 温度,常温 \end{bmatrix}$$

① 焦炉煤气送到焦炉：

$$[T_{送气1}]G_{焦炉} = \begin{bmatrix} 焦炉煤气，存放位置，焦炉 \\ 氢,50\% \sim 60\% \\ 甲烷,20\% \sim 30\% \\ 一氧化碳,5\% \sim 8\% \\ 二氧化碳,1.5\% \sim 3\% \\ 氮气,3\% \sim 8\% \\ 氧气,0.3\% \sim 0.8\% \\ 不饱和烃,2\% \sim 4\% \\ 温度,常温 \end{bmatrix}$$

该描述表示炼焦用的焦炉煤气经过变换 $T_{送气1}$ 后存放位置由外管变为焦炉，焦炉煤气的氢、甲烷、一氧化碳、二氧化碳、氮气、氧气、不饱和烃的含量不变，其温度为常温。

$$G_{高炉} = \begin{bmatrix} 高炉煤气，存放位置，总管 \\ 氢,1\% \sim 2\% \\ 一氧化碳,26\% \sim 30\% \\ 二氧化碳,14\% \sim 16\% \\ 氮气,57\% \sim 59\% \\ 氧气,0.1\% \sim 1\% \\ 温度,常温 \end{bmatrix}$$

② 高炉煤气送到焦炉：

$$[T_{送气2}]G_{高炉} = \begin{bmatrix} 高炉煤气，存放位置，焦炉 \\ 氢,1\% \sim 2\% \\ 一氧化碳,26\% \sim 30\% \\ 二氧化碳,14\% \sim 16\% \\ 氮气,57\% \sim 59\% \\ 氧气,0.1\% \sim 1\% \\ 温度,常温 \end{bmatrix}$$

该描述表示炼焦用的高炉煤气经过变换 $T_{送气2}$ 后存放位置由总管变为焦炉，高炉煤气的氢、一氧化碳、二氧化碳、氮气、氧气含量不变，温度为常温。

③ 空气预热：

$$[T_{预热1}]G_{空气} = \begin{bmatrix} 空气，存放位置，燃烧室 \\ 氮气,78\% \\ 氧气,21\% \\ 二氧化碳,0.03\% \\ 稀有气体,0.94\% \\ 其他,0.03\% \\ 温度,100℃以上 \end{bmatrix}$$

该描述表示空气经过变换 $T_{预热1}$ 后温度由常温变为 100℃ 以上，空气的氮气、氧气、二氧化碳、稀有气体和其他物质的含量不变，存放位置为燃烧室。

④ 高炉煤气预热：

$$[T_{预热2}][T_{送气_2}]G_{高炉} = \begin{bmatrix} 高炉煤气，存放位置，焦炉 \\ 氢，1\% \sim 2\% \\ 一氧化碳，26\% \sim 30\% \\ 二氧化碳，14\% \sim 16\% \\ 氮气，57\% \sim 59\% \\ 氧气，0.1\% \sim 1\% \\ 温度，100℃ 以上 \end{bmatrix}$$

该描述表示送到焦炉的高炉煤气经过变换 $T_{预热2}$ 后温度由常温变为 100℃ 以上，高炉煤气的氢、一氧化碳、二氧化碳、氮气、氧气含量不变，存放位置为焦炉。

⑤ 焦炉煤气预热：

$$[T_{预热3}][T_{送气_1}]G_{焦炉} = \begin{bmatrix} 焦炉煤气，存放位置，焦炉 \\ 氢，50\% \sim 60\% \\ 甲烷，20\% \sim 30\% \\ 一氧化碳，5\% \sim 8\% \\ 二氧化碳，1.5\% \sim 3\% \\ 氮气，3\% \sim 8\% \\ 氧气，0.3\% \sim 0.8\% \\ 不饱和烃，2\% \sim 4\% \\ 温度，50℃ 以上 \end{bmatrix}$$

该描述表示送到焦炉的焦炉煤气经过变换 $T_{预热2}$ 后温度由常温变为 50℃ 以上，焦炉煤气的氢、甲烷、一氧化碳、二氧化碳、氮气、氧气、不饱和烃的含量以及存放位置不变。

⑥ 混合气体燃烧：

$$[T_{燃烧}]\{[T_{预热1}]G_{空气} \sqcup [T_{预热2}][T_{送气_2}]G_{高炉}[T_{预热2}][T_{送气_1}]G_{焦炉}\} = 火焰 \sqcup 废气 \sqcup 热量$$

该描述表示经过预热的空气、高炉煤气、焦炉煤气混合后经过变换 $T_{燃烧}$ 产生火焰、废气、热量。

(6)废气经换热，排放到大气中的过程描述如下。

$$G_{\text{废气}} = \begin{bmatrix} 废气，存放位置,燃烧室 \\ 二氧化碳,16.9\% \\ 一氧化碳,0.1\% \\ 氮气,69.85\% \\ 氧气,2\% \\ 其他,10.15\% \\ 温度,1400℃以上 \end{bmatrix}$$

① 换热：

$$[T_{\text{换热}}]G_{\text{废气}} = \begin{bmatrix} 废气，存放位置,蓄热室 \\ 二氧化碳,16.9\% \\ 一氧化碳,0.1\% \\ 氮气,69.85\% \\ 氧气,2\% \\ 其他,10.15\% \\ 温度,100℃以下 \end{bmatrix}$$

该描述表示燃烧产生的废气经过变换 $T_{\text{换热}}$ 后存放位置由燃烧室变为蓄热室，温度由 1400℃以上变为 100℃以下，废气的二氧化碳、一氧化碳、氮气、氧气和其他物质的含量不变。

② 换热后排气：

$$[T_{\text{排气}}][T_{\text{换热}}]G_{\text{废气}} = \begin{bmatrix} 废气，存放位置,大气 \\ 二氧化碳,16.9\% \\ 一氧化碳,0.1\% \\ 氮气,69.85\% \\ 氧气,2\% \\ 其他,10.15\% \\ 温度,100℃以下 \end{bmatrix}$$

该描述表示换热后的废气经过变换 $T_{\text{排气}}$ 后存放位置由蓄热室变为大气，它的二氧化碳、一氧化碳、氮气、氧气和其他物质的含量不变，温度保持 100℃以下。

至此，炼焦过程中涉及的相关知识用 DL-MCP 已描述清楚，表明所构建的 DL-MCP 是可行和有效的。

第 3 章　基于物联网的炼焦过程数据采集
与语义化处理研究

在政府"两化"融合方针的指导下,规模庞大、积极转型的冶金行业也开始加速信息化建设的推进,冶金生产过程的自动化、信息化、智能化管理已成为冶金行业发展的主要方向。同时,钢铁企业产能过剩、污染重、能耗高等问题也促使冶金行业必须实现精细化和绿色化管理,以降低成本、提高效能及节能减排,这也对冶金行业的信息化建设提出了更高要求。冶金行业信息化建设涉及方方面面,如生产过程、物流运输、设备故障诊断、能量平衡、质量管控等,而正在兴起的物联网技术为冶金行业的信息化、智能化管理带来了新的契机。

本章基于物联网、传感器网络和 RFID 等技术,设计和构建冶金过程现场数据采集与监测网络,实现冶金过程数据的自动采集、监测与管理。尤其,以炼焦过程为具体研究对象,分析炼焦过程的信息化、自动化、智能化控制需求,构建基于物联网及传感网络的炼焦过程现场数据采集网络。并在此基础上,基于语义本体技术,提出了炼焦过程数据的语义化表示及提供方法,构建炼焦过程传感器网络本体及感知数据本体,为焦化生产其他过程乃至整个冶金工业过程数据采集与管理及上层用户数据使用提供一种有效的技术参考。

3.1　冶金过程数据采集网络设计

目前,将物联网技术引入冶金行业,实现冶金行业信息化,改善和提升冶金行业发展是必然趋势。很多大型钢铁集团已经有了一些应用,例如,宝钢集团利用无线通信和物联网技术改造生产工厂,助力企业实现精确、实时化的现场管控,并开始建设基于物联网的钢铁物流管理系统、设备管理系统等。然而,目前的建设大多针对某方面进行,尚没有比较完整的基于物联网的冶金自动化网络和管理服务平台。本节首先构建一个基于物联网的冶金自动化管理服务平台,并针对自动化、精细化、智能化冶金过程管理要求,重点构建一个基于物联网的冶金过程管理网络,对冶金过程数据采集、传输与处理、控制与反馈整个流程进行自动化管理。

3.1.1 钢铁冶金过程数据采集平台总体框架

基于物联网的钢铁冶金过程数据采集与自动化管理服务平台总体框架如图 3.1 所示，包括冶金工艺过程管理、冶金物流运输管理、冶金设备及固定资产管理、冶金工器具管理、冶金安全生产管理、冶金能源管理、冶金人力资源管理等系统。

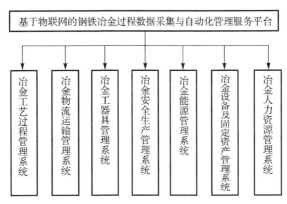

图 3.1　钢铁冶金过程数据采集与自动化管理服务平台

(1)基于物联网的工艺过程管理系统。该系统包括焦化工艺过程管理、烧结工艺过程管理、炼铁工艺过程管理、炼钢工艺过程管理、热轧钢工艺过程管理、冷轧钢工艺过程管理、后处理工艺过程管理等模块。

(2)基于物联网的物流运输管理系统。该系统包括原辅料采购管理、车间库存管理、车间物流跟踪管理、厂际物流管理、成品发运管理、产品分销管理等模块。

(3)基于物联网的工器具管理系统。该系统包括铁前工器具管理、炼钢工器具管理、热轧工器具管理、冷轧工器具管理、后处理工器具管理等模块。

(4)基于物联网的安全生产管理系统。该系统包括焦化生产安全管理、烧结生产安全管理、炼铁生产安全管理、炼钢生产安全管理、轧钢生产安全管理、动力生产安全管理、运输安全管理等模块。

(5)基于物联网的能源管理系统。该系统包括煤气能源管理、气体能源管理、水能源管理、电能源管理、逆向物流管理、污染物管理等模块。

(6)基于物联网的设备及固定资产管理系统。该系统包括设备及固定资产采购管理、设备及固定资产管理、设备及固定资产运行情况管理、设备及固定资产检修管理、设备及固定资产备件供应管理、设备及固定资产报废管理等模块。

(7)基于物联网的人力资源管理系统。该系统包括职工信息管理、门禁管理系统、职工考勤管理、职工薪酬管理、职工车辆管理等模块。

3.1.2　钢铁冶金过程数据采集网络构建

钢铁冶金工艺过程管理包括焦化工艺过程管理、烧结工艺过程管理、炼铁工艺过程管理、炼钢工艺过程管理、热轧钢工艺过程管理、冷轧钢工艺过程管理、后处理工艺过程管理等。本书研究综合应用物联网、智能感知、识别技术与普适计算、泛在网络等技术实现冶金生产过程中的数据采集与管理。基于物联网架构，底层采用无线传感器网络、RFID 等技术，并结合传统的感测仪表，构成冶金生产过程无线感知网络，采集冶金生产过程中的相关数据。

基于物联网的冶金过程数据采集网络采用三层架构，如图 3.2 所示。底层是感知层，基于传感器网络节点实时感测冶金现场相关参数的值，并由这些节点自组成网络，形成节点间的信息传输和预处理机制。第二层是网络接入与传输层，主要用于将现场感知并经过预处理的数据通过网络传输到监测中心，在该层可采用当前冶金行业现成的工业以太网或无线局域网，在本网络架构中更为合适的是短距离、低功耗的 ZigBee 网络。第三层是控制与管理层，即冶金过程管理、控制与服务层，该层的主要任务包括数据分析与存储、工艺工程响应与控制、异常报警与控制等，即基于现场的数据对冶金过程做出实时的响应、控制与决策。

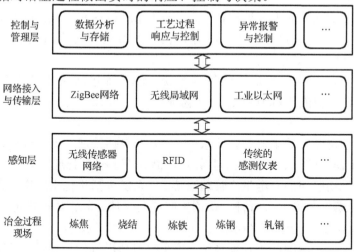

图 3.2　基于物联网的钢铁冶金过程数据采集网络

3.2　炼焦过程数据感知与传感网络构建

感知层位于冶金过程物联网的最底层，是基于一系列传感器或传感器节点，对现场进行实时感知与监测，属于冶金过程数据采集。冶金过程的焦化、烧结、炼铁、炼钢等过程是一个联动控制过程，但每个阶段或每个子过程的参数和监测属性却是完全不一样的，因此应该构建每个子过程的感知网络，形成其监控子系统，同时应该考虑每个子过程之间的联动操作。本节以炼焦过程为例，说明感知层传感网络构建。

3.2.1 炼焦过程数据感知与监测需求分析

1. 炼焦过程数据感知主要影响因素及关联特征模型

炼焦生产所包括的各个局部过程之间相互关联、相互影响。例如，焦炉在进行加热燃烧过程中，推焦操作是否均衡是影响焦炉火道温度的一个重要因素；炭化室的操作和加热制度的变化等，将对焦炉集气管压力产生直接扰动；当焦炉火道温度不稳定时，焦炉作业四大车很难按照既定的生产计划出焦，从而影响正常的炼焦生产。因此，必须综合考虑整个炼焦生产过程，实现对焦炉加热燃烧过程、焦炉煤气收集过程与焦炉作业过程的生产状态监测，当发生工况异常时及时发出报警信号通知操作人员做出改进，从而保证焦炉的稳定运行[135,136]。因此，这里对配煤过程、焦炉加热燃烧过程、焦炉装煤推焦作业过程、焦炉集气过程四个过程的主要影响因素及关联特征进行分析，并构建其关联模型如图 3.3 所示。

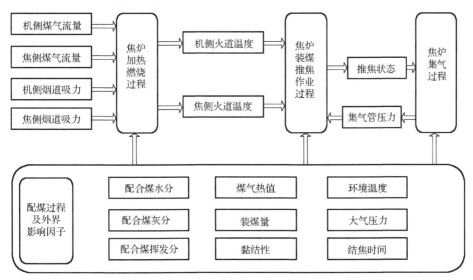

图 3.3　炼焦过程影响因子及关联模型

其中，配煤过程相对独立，其他三个过程的状态不会对其产生影响，但配煤过程得到的配合煤质量却会直接影响其他三个子过程的控制效果，而影响煤质量的因子包括配合煤水分、硫分、灰分、挥发分、黏结性等。影响焦炉加热燃烧过程的被控输出量为机侧火道温度，而控制输入量为机侧煤气流量和机侧烟道吸力，装煤量、配合煤水分、结焦时间也都是影响焦炉加热燃烧过程稳定性的主要因素，但这些因子都来自于其他三个子过程。配合煤的黏结性指数、配合煤水分、机侧火道温度、焦侧火道温度、集气管压力是推焦作业过程的重要影响因子。装煤量、推焦作业状态及配合煤的挥发分是焦炉集气过程的影响因子[135]。

2. 炼焦过程数据采集与管理现状分析

随着我国炼焦生产的基础自动化技术的发展，各个生产环节基本已经具备了一定的单元自动化水平，并且实现了各个环节自身的控制管理。炼焦生产的各个环节是紧密相连的，当某个过程出现异常情况时，会影响其他过程的正常生产，从而影响整个炼焦生产的综合生产目标。然而当前这些控制管理系统大多是针对某个局部过程来设计，没有从全流程的角度对炼焦生产进行监测、控制与管理[137]。本书基于对三家大型钢铁企业焦化厂的实地调研发现，当前的炼焦过程管理仅可以看做一个半自动化管理或人工管理过程。

(1)对于各参数的采集，如火道温度、集气管压力等，由传感器自动采集或人工定时放置传感器进行采集，但数据的读取和记录依然依靠人工记录并录入计算机系统来存储和管理。

(2)对于某些参数，依然不能依靠传感器直观采集，其值通过间接计算而来，因此准确性有偏差。

(3)各个过程间，如焦炉加热控制、集气管压力控制等过程是相对孤立的过程，缺乏联动性，各个过程之间的连接还是依靠人工操作。

智能化过程管理强调的是各个所需参数的自动化采集、传输、管理与反馈，最大化地减少人工参与，构建一个全自动化的管理过程。通过部署感知、传输与处理一体的无线传感器网络节点，实时、按需采集相关参数的属性值，经一定的处理后，自动传输到数据收集节点或监控中心，监控中心对收集到的数据进行综合处理后，给出相应的控制决策。如通过现场的数据采集处理后，能够实时判断当前的燃烧室温度是否合适，若不合适，应该增加多少，自动触发现场的煤气和空气控制设备，进行自动处理。

基于对当前炼焦过程数据采集与管理现状的调研与分析后发现，构建一个自动化、网络化、智能化的炼焦过程数据采集与管理系统是未来冶金行业信息化发展的必然需求。

3.2.2　传感器网络感知属性描述

依据上述炼焦过程描述，炼焦过程中需要获取的现场信息主要包括工艺信息和资源信息两个部分。其中，工艺信息主要为炼焦生产的工艺参数，包括煤气流量、煤气压力、烟道吸力、集气管压力、各阀门开度、推焦时间、装煤时间等；资源信息主要为焦炉炉体与机械状态和炼焦所需物质、设备的状态，包括车辆状态、配合煤质量、加热煤气质量、环境温度等，同时必须获取每天和每班组焦炭的质量、产量、炼焦能耗等[138]。若进一步按监测目标细分，则可描述出每个子过程更具体的感知与监测属性及其相互关系，如图 3.4 所示。

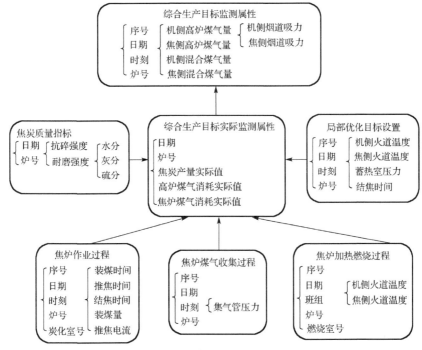

图 3.4 传感器网络监测属性

(1)焦炉加热燃烧过程监测属性：序号、日期、班组、炉号、燃烧室号、总烟道温度、总烟道吸力、分烟道机侧温度、分烟道焦侧温度、分烟道机侧吸力、分烟道焦侧吸力、标准蓄热室顶部吸力的机上煤气、标准蓄热室顶部吸力的机上空气、标准蓄热室顶部吸力的机下煤气、标准蓄热室顶部吸力的机下空气、标准蓄热室顶部吸力的焦上煤气、标准蓄热室顶部吸力的焦上空气、标准蓄热室顶部吸力的焦下煤气、标准蓄热室顶部吸力的焦下空气、空气机侧风门、空气焦侧风门、空气机侧吸力、空气焦侧吸力、煤气流量、压力、温度。

(2)焦炉煤气收集过程监测属性：序号、日期、时刻、炉号、集气管压力。

(3)焦炉装煤、推焦过程监测属性：序号、日期、班组、炉数、炉号、炭化室号、预定出焦时间、预定结焦时间、实际装煤时间、实际结焦时间、推焦时间、装煤量、推焦电流。

(4)焦炉熄焦过程监测属性：日期、干法发电量、干法入炉数、干法排焦量、干法氮气耗量、干法主蒸汽产量、干法低压蒸汽耗量、干法除盐水用量、湿法入炉数、湿法排焦量。

(5) 调度计划：日期、班组、值班人员、焦炉号、计划推焦时间、计划装煤时间等。

(6) 焦炉热工设备巡检（设备状态）监测属性：时间、油缸状态、链轮状态、废气砣状态、风门状态、风门板状态、手柄状态、机侧翻板状态、焦侧翻板状态、石墨情况。

(7) 焦炭质量监测与评定属性：日期、炉号、抗碎强度、耐磨强度、水分、灰分、硫分。

(8) 局部优化目标监测与评定属性：序号、日期、时刻、炉号、机侧火道温度、焦侧火道温度、蓄热室压力、结焦时间。

(9) 综合生产目标监测与评定属性：序号、日期、时刻、炉号、机侧高炉煤气流量、焦侧高炉煤气流量、机侧混合煤气流量、焦侧混合煤气流量、机侧烟道吸力、焦侧烟道吸力。

3.2.3　炼焦各子过程数据采集与传感网络构建

1. 感知层分析与设置

基于 3.2.2 节对炼焦过程的监测属性的分析可知，炼焦过程中，来自焦炉加热燃烧生产过程的生产状态主要是火道温度、焦炭质量、煤气消耗等；来自集气管压力控制过程的生产状态主要是压力、阀门开度等；来自焦炉作业计划与调度过程的生产状态主要有炉号和装煤量两个现场数据[113,139]。因此，用于采集现场实时生产数据的传感器节点主要包括温度传感器、压力传感器、位置传感器、嵌入式时钟、RFID 读写器等。

温度传感器用于测量总烟道温度、分烟道机侧温度、分烟道焦侧温度、火道温度、火道机侧温度、火道焦侧温度等。压力传感器用于测量集气管压力、分烟道机侧吸力、分烟道焦侧吸力、空气机侧吸力、空气焦侧吸力等。

RFID 阅读器可独立于传感器网络存在，也可与传感器节点集成。同时各个作业车、焦炉、高炉、炭化室、燃烧室等配置 RFID 标签，用于标记并实时获取其相关信息，如炉号、炭化室号、燃烧室号、作业车号等，对于需要定时了解其状态的一些设备或配件，也配置相应的 RFID 标签，用于标记和记录其相关状态信息。若有人工参与的工序，如巡检过程，若需要人工完成，则应为巡检人员佩戴 RFID 标签，以记录巡检人员信息。

2. 各子过程监测网络部署与构建

1）加热燃烧过程监测网络构建

本小节以所调研的三家大型钢铁公司焦化厂典型焦炉为研究对象，选取某公司的 3 号、4 号焦炉为例，每座焦炉有 50 个炭化室，炭化室高 6m，宽 450mm；51 个燃烧室，燃烧室宽 850mm，每座焦炉总长大约为 75m。每个燃烧室需要测量机侧温度和焦侧温度，同时分边火道机侧温度、边火道焦侧温度、标准火道机侧温度、标准火道焦侧温度，还需测量烟道机侧温度和烟道焦侧温度。因此，每个燃烧室应部署 4 个温度测量点，分别用于机侧和焦侧的边火道和标准火道温度测量，机侧分烟道和焦侧分烟道分别部署一个温度测量点和压力测量点，用于收集其温度和吸力值。因此，51 个燃烧室共需要 204 个温度传感器节点，机侧分烟道和焦侧分烟道及总烟道分别部署一个温度传感器节点和一个压力传感器节点。具体监测网络构建如图 3.5 所示。

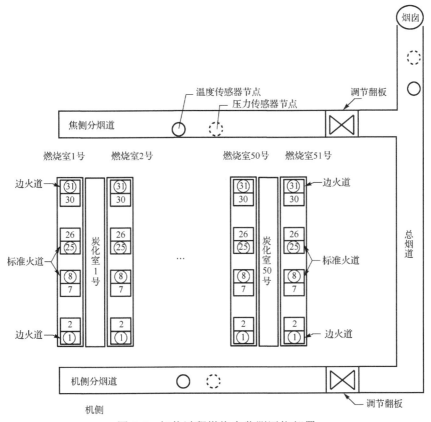

图 3.5　加热过程燃烧室监测网络部署

2)集气管集气过程监测网络构建

集气管位于焦炉顶部，用于收集荒煤气，其需测量的主要参数为集气管温度和集气管压力，以 3 号焦炉为例，当前工厂对其测量时，一般采用两种部署方法：一种是在集气管相对中心的位置部署一个温度测量点和一个压力测量点；另一种则是在集气管两侧中心位置分别部署测量点。为更精确地测量其参数值，本书采用第二种方法，在集气管两侧分别部署一对温度和压力测量点。在此，还可采用集成温度与压力两类传感器于一体的传感器节点，以减少部署节点数，提高其网络访问效率。具体部署情况如图 3.6 所示。

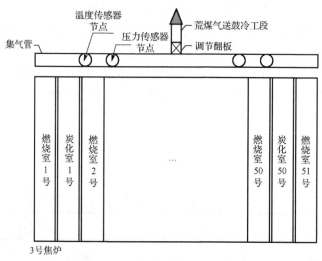

图 3.6　集气管监测网络部署

3) 加热煤气管路监测网络构建

在炼焦过程中，加热煤气的各项参数对最终的焦炭质量和耗热量是有最直接影响的，因此正确设置并实时监测煤气的各项参数指标值就显得非常重要，其主要涉及温度、压力和流量等指标。煤气管道分为高炉煤气管路和焦炉煤气管路，要分别对其进行监测。传感器节点的部署如图 3.7 所示。

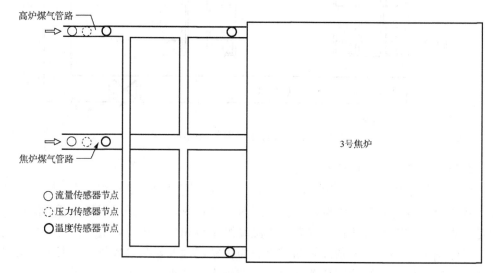

图 3.7　煤气管路监测网络部署

4) 蓄热室监测网络构建

在该过程中，主要监测的指标为蓄热室顶部空气吸力和煤气吸力，图 3.8 以三个燃烧室为例，构建其监测网络。蓄热室及小烟道的监测节点部署如图 3.8 所示。

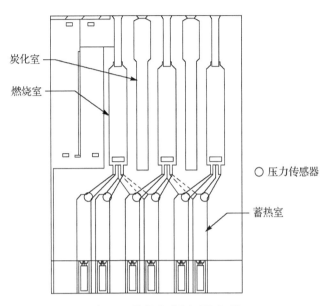

图 3.8 蓄热室监测网络部署

5) 四大车工况监测网络构建

在整个炼焦作业过程中，会使用推焦车、拦焦车、熄焦车和装煤车配合作业。这四大车的具体作业过程为：当焦炭已经成熟后，推焦车打开炉室机侧的炉门，拦焦车打开同一炉室焦侧的炉门并把导焦栅插入炉室，熄焦车位于拦焦车下侧准备接焦。当三车都已准备就绪后，推焦车开始进行推焦操作，将红焦推到熄焦车的熄焦罐内，由熄焦车运送到熄焦室。此后，装煤车从焦炉炉室顶部的装煤口对空的炉室进行装煤，推焦车配合平煤作业[140]。

在四大车作业过程中，相对于推焦车、拦焦车和熄焦车，装煤车工作状态相对独立，而三大焦车则是密切关联的。要能保证三大车的正常作业，三大车的精确对正是前提。如何实时准确地获取焦车当前所处的有效炉号和使焦车能自动停车定位在指定的炉号位置是其关键。

针对该问题，本书采用了 RFID 和传感器网络定位技术。实际中，炉号的有效识别采用 RFID 技术，将无源 RFID 标签卡事先写入相应的固定编号，并将其埋设于焦炉机车的铁轨上，对应焦炉的每个炭化室的炉号。三大车上安装 RFID 阅读器，用于识别和确定车辆的绝对地址。对于焦车的定位,采用多传感器节点(包括位移传感器、磁力传感器)进行感知和定位。其结构如图 3.9 所示。

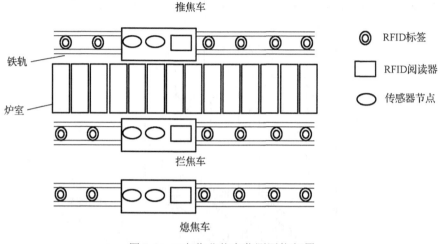

图 3.9　三车作业状态监测网络部署

3.2.4　炼焦全流程数据采集与管理系统设计

基于对炼焦过程特别是每个子过程的监测属性的分析,并基于物联网技术构建了各个子过程的监测网络部署,在此基础上,本节针对炼焦全流程,构建了一个基于物联网的炼焦全流程数据监测与控制管理系统架构,如图 3.10 所示。

该架构主体可分为三个层次,底层为基于传感器网络和 RFID 技术的数据感知层。传感器网络的主要任务是负责从生产现场收集相关的生产信息并通过网络传输给上层的管控中心,同时接收下发的推焦计划表和控制指令。具体地,数据感知层负责利用传感器节点实时收集各个子过程的现场数据,如作业焦车的作业状态、工况,高炉煤气及焦炉煤气管路的温度、压力、煤气流量,加热过程中的实时机侧温度、焦侧温度、烟道温度及压力,蓄热室的空气吸力、煤气吸力及集气管压力等。第二层为控制层,该层主要是对各个子过程的管理,负责接收传感器网络现场采集的实时数据,并向感知层下发一些控制指令。第三层为管理服务层,包括生产信息发布系统、实时监测系统、优化与控制系统、辅助决策支持系统等,用于下发标准参数表、调度计划等。具体地,管理与控制服务器通过无线方式将调度目标下发给焦炉作业计划与调度系统,将目标火道温度下发给加热燃烧过程控制系统,将集气管压力设定下发给集气管压力控制系统。同时,根据对现场收集数据的处理,基于数据库和专家知识库,为生产过程提供一系列辅助决策支持。

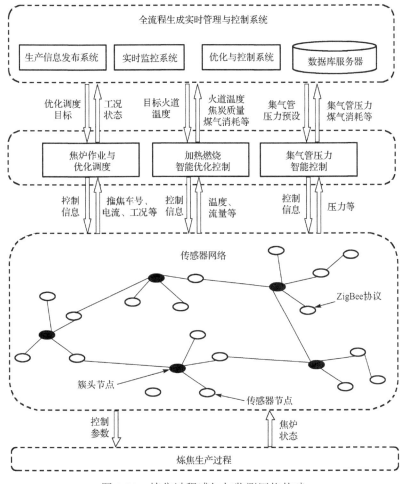

图 3.10　炼焦过程感知与监测网络构建

3.3　基于 ZigBee 的炼焦过程组网与网络通信

3.2 节给出了炼焦过程现场数据采集和监测网络设计及底层网络构建和部署方法与过程，本节主要探讨该网络中涉及的组网和数据通信过程的相关方法和技术。

3.3.1　网络架构需求分析

本节选取的研究对象即某炼焦厂的 3 号、4 号焦炉，每个焦炉的尺寸约为 75m×14m，高炉煤气管路长约 70m，直径 0.8m，焦炉煤气管路长约 70m，直径 0.6m。因此，现场的总范围约为 150m×14m。此外，由 3.2.3 节可知，网络节点部署过程中，燃烧室火道监测约需要 204 个温度传感器节点；机侧和焦侧分烟道及总烟道共需要

3 个温度传感器节点和 3 个压力传感器节点；集气管上分别需要 2 个温度传感器节点和 2 个压力传感器节点；煤气管路需要 2 个温度传感器节点和 4 个压力传感器节点及 2 个煤气流量传感器节点；蓄热室需要约 104 个压力传感器节点，分别用于测量小烟道空气吸力和煤气吸力。此外，网络节点基本属于规则性部署，移动性不强，但节点间的间隔与距离并非完全一致。整体传感器节点布局如图 3.11 所示。

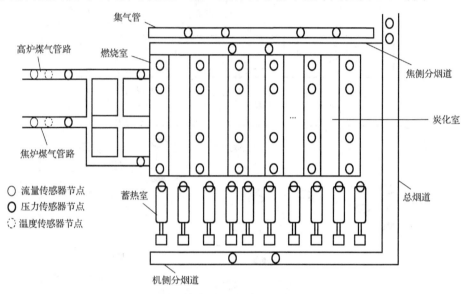

图 3.11　炼焦过程传感器节点布局图

基于这一物理空间范围及网络节点规模，同时基于短距离和低功耗无线传输角度考虑，感知层传感器网络节点间自组网采用 ZigBee 和 IEEE 802.15.4 组建。网络内采用分簇结构，实现炼焦过程现场信息的层次化感知与处理，传感器网络与上层之间的通信可基于 Wi-Fi 网关或现有的工业以太网完成。

3.3.2　网络拓扑结构设计

ZigBee 是基于 IEEE 802.15.4 无线标准的有关组网、安全与应用技术，使用了 IEEE 802.15.4 标准定义的物理层与 MAC 子层，它主要应用在消费电子设备、生态监测、农业自动化和医用设备等领域。ZigBee 规范定义了三种设备：ZigBee 协调器、ZigBee 路由器和 ZigBee 终端设备。在组网方式上，主要采用星状网、树状网和网状结构。ZigBee 网络是一种先进的无线传输技术，具有功耗低、数据传输可靠、网络容量大、安全性高、实现成本低等优点[141]。

基于炼焦过程的特征，并从传感器网络能量有效性角度考虑，本书采用网状分簇网络。最简单的簇树网络就是一个单簇网络，如果多个邻近簇相连，则可构成一个更大的网络。协调器可以指定一个节点成为邻近的一个新簇的簇头，新簇头同样可以指定其他节点成为其邻近簇头，构成一个多簇的对等网络，如图 3.12 所示（图中 CID 表示簇 ID）。多簇网络结构扩大了网络覆盖范围，同时不需要每个终端节点都和基站进行通信，大量节省了节点能量。但同时分簇网络本身在一定程度增加了消息传递的时延和通信开销，为了解决该问题，往往采用一些有效的成簇算法，以达到缩短延迟和降低通信开销的目的。

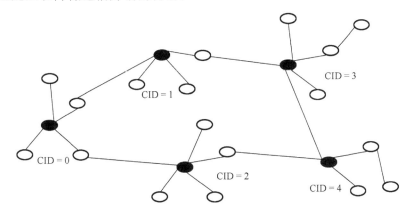

图 3.12　基于 ZigBee 的网状分簇传感器网络构建

3.3.3　网内数据传输与处理

3.2 节以炼焦工艺过程监控为例,已构建起基于物联网的炼焦过程数据采集与监测网络。建立该网络的目的是实时获取现场数据,并在后续的处理过程中能够通过对数据的分析,给出现场的反馈和决策控制,因此监控网络数据的采集、传输与处理就显得非常关键。在该网络中,数据传输与处理来自两方面:一方面是感知层传感器网络网内的数据传输与处理,本书基于构建的 ZigBee 网状分簇网络,实现网内数据传输;另一方面是物联网网络接入与传输层的网络通信与传输机制,是多种网络接入技术的融合、集成与转换。

1. 基于 ZigBee 的网状分簇网络构建

ZigBee 网络将节点分为终端节点、路由节点和协调器节点,在构建 ZigBee 网状网络时,其网络拓扑结构如图 3.13 所示。网状 ZigBee 网络同样包括了协调器、路由器和终端设备。不过,网状网络的通信更灵活,网络中不同路由器之间可以直接互相连接进行通信,而且相互之间是对等关系,这一属性提高了数据传输的效率,并且在某一链路中断时,整个网络仍然能够发现冗余的数据通路,提高网络的健壮性和鲁棒性。

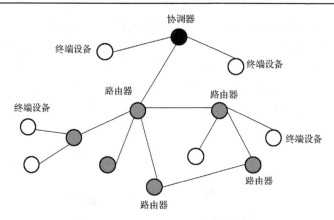

图 3.13 ZigBee 网状网络拓扑结构

在此基础上，考虑到本书所研究的冶金炼焦领域的特征，加入了分簇的思想，构建网状分簇网络。分簇网络将整个 ZigBee 网络分成多个簇，将节点分为簇头节点和簇内成员节点两类，每个簇由多个节点组成。

簇头节点可为协调器和路由器，作为簇的中心，负责簇的建立、簇内数据收集和路由建立等。终端节点不能成为簇头，只能作为簇内成员。簇内成员节点和簇头节点可采用单跳通信，也可采用多跳的通信，本书考虑到网络传输开销和网络复杂度问题，簇内成员节点和簇头节点之间采用单跳通信。簇内成员节点负责收集现场感知数据，并将其传送到簇头节点，由簇头节点将成员节点的数据传送或进行融合后传送到 sink 节点，这里的 sink 节点由 ZigBee 协调器充当，其拓扑结构如图 3.14 所示。

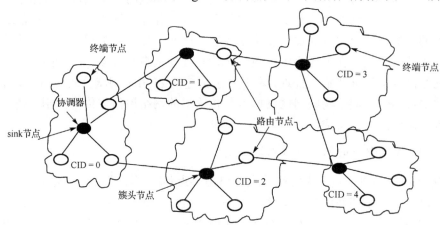

图 3.14 ZigBee 分簇网状网络拓扑结构

2. 簇头的产生与簇的建立

把 ZigBee 网络分成多个簇组成，首先考虑的一个问题就是如何产生簇头，并根据簇头建立起分簇。首先，ZigBee 协调器作为第一个产生的簇头，同时，还将其作为 sink 节点，负责收集信息并与上层通信。其余的簇头节点在具有路由功能的节点中产生。初始阶段，选择网络深度为偶数的路由节点作为簇头候选。关于簇头的数目，以通常分簇网络的经典设定为参考，将其设置为节点总数的 5%。

关于网络深度的定义，以协调器簇头节点为基准，则其深度为 0，与其相邻的邻居节点深度为 1，以此类推。深度为偶数的路由节点发送广播消息 RREQ，收到该消息的节点给予响应，向源节点发送一个确认信息。收到该确认信息的源节点，将其接收信号强度 RSSI，与预先设定的信号强度 $RSSI_{AVG}$ 进行比较。其中，$RSSI_{AVG}$ 指的是预先实验测定的源节点邻居节点发射信号强度的平均值。若 RSSI 大于预设的信号强度 $RSSI_{AVG}$，则将该节点加入其邻居节点列表中。最后根据比较邻居表里周围节点的数目的办法来确认节点数最多的点为簇头。簇头产生的流程如图 3.15 所示。

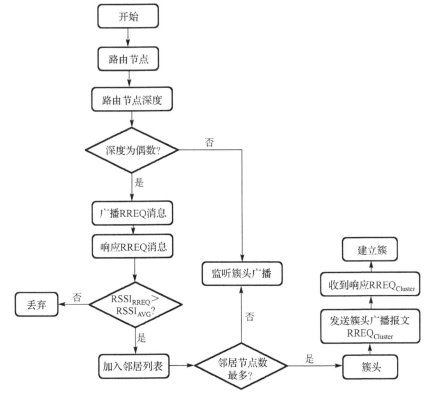

图 3.15　簇头的产生及簇的建立流程

当选为簇头的节点，向外广播自己成为簇头的消息 $RREQ_{Cluster}$，收到的节点在自己不是簇头的情况下发送响应报文 $RREQ_{Cluster}$，请求加入该簇。然后簇头发送应答信息，以确认该节点能够加入该簇，则节点加入该簇。簇头节点维护一个所有簇成员列表，簇成员节点则维护一个簇头节点表。

簇与簇之间的连接与组网主要依赖位于两个或者多个簇域重叠区域的非簇首节点，这些节点将相邻接的簇首连接起来，形成多跳路由路径。

3. 网内数据传输机制

当此分簇网状 ZigBee 网络建立起来之后，便可进行数据感知与传输了。关于数据传输，因簇内成员和簇头之间采用的是单跳通信，因此不存在路由发现问题，当簇成员节点有数据需要发送时，只需按设定周期发送给簇头节点便可。而簇与簇之间的通信则是一个多跳路由发现的过程，而且簇与簇之间除了簇头节点，还有一些非簇头节点充当连接簇与簇之间的路由接入点。关于该部分的路由发现，此处采用基于分簇的按需路由协议，将其定义为 AODV$_{\text{Cluster}}$。

AODV$_{\text{Cluster}}$[142]的路由请求过程如下：当源节点有数据要发送给目标节点时，它首先在自己的路由表中查询到目标节点的路由，如果路由存在并且有效，则立刻开始发送数据；如果相应的路由不存在或者路由存在但已经标明为无效，源节点就开启一个泛洪路由发现过程。源节点创建一个路由请求包 RREQ，并向其周围节点广播，如果邻居节点收到 RREQ，则在它的邻居表中增加一个这个簇标签的路由接入点，并在路由查找表中增加一个目的节点的网络地址的路由接入点，当中间节点收到 RREQ 时，与它的路由搜索表中的路由成本进行比较，如果这个路由成本比较低，则更新路由搜索表。然后继续广播，直到到达目的节点。路由请求过程如图 3.16 所示。

目标节点收到路由请求后，不再广播路由请求，它先建立反向路径，产生一个 RREP，RREP 中含有最新的系列号等信息，沿反向路径单播给源节点。中间节点和源节点在收到 RREP 后会建立到目标节点的路由，并更新系列号等有关的信息。源节点收到 RREP 后即建立路由并开始传输数据。当这个路由过程建立完毕后，源节点向它的簇头发送一个携带路由信息的路由确认包，当簇头收到这个确认包以后，簇头再广播一个路由更新包。当它的簇成员收到这个信息后，共享刚才节点新建立的路由信息，该过程如图 3.17 所示。图中灰色实心节点为簇头节点，黑色实心节点为路由节点，白色空心节点为终端节点。实线箭头表示路由发现请求 RREQ 包的发送，虚线箭头表示路由响应 RREP 包，粗实线箭头表示簇头节点广播的路由确认信息。

例如，源节点 S 要发送数据到目的节点 D，则先对外广播 RREQ 包直至到达目的节点，然后目的节点再发送 RREP 包确认，当源节点收到 RREP 响应后，发送路由确认信息到簇头节点，然后由簇头节点对外广播，如此，CID 为 1 的簇里面的路由节点都可以共享这个路由信息，如图 3.17 所示。

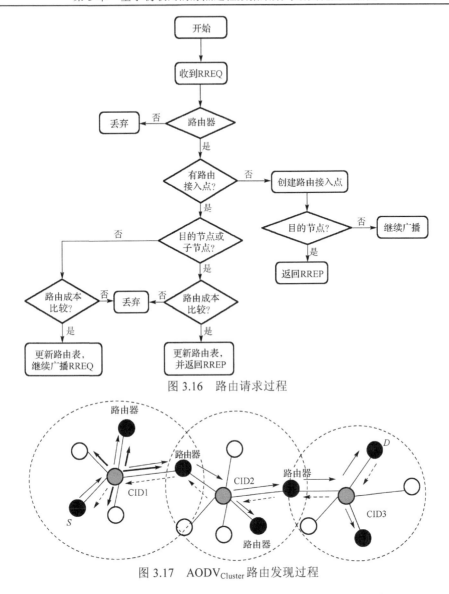

图 3.16　路由请求过程

图 3.17　$AODV_{Cluster}$ 路由发现过程

3.4　炼焦过程物联网及传感器网络数据语义化处理

通过构建基于物联网的冶金炼焦过程数据采集与监测网络，将获取到大量的传感数据。这些数据因物联网前端的传感器网络设备的异构性而具有很强的异构性，如炼焦过程采用温度传感器、压力传感器、磁力传感器、RFID 设备等，而且传感数据往往缺乏特有的关联性，相对孤立。为了解决传感数据的异构性及孤立性等问题，对传感器网络及数据进行语义化处理是非常必要的，而且传感数据语义化也是上层数据互操作的基础。因此本节基于本体与语义技术，对炼焦过程传感器网络及其感知数据进行语义化描述与处理。

目前，由 W3C 所提出的语义传感器网络(semantic sensor network，SSN)[143]本体是语义传感器网络的规范。SSN 本体能够描述传感器的功能和属性、测量过程及传感器部署、传感器的准确度、传感器的感知数据及传感器的感知方法及过程，还能描述传感器自身的一些特定信息，如测量单位、位置、精度等。整个 SSN 本体包含41 个概念和 39 个对象属性。而由语义传感器网络(semantic sensor web，SSW)所提出的语义传感 Web[144]则更为关注传感器感知数据的语义表达，利用时间、空间和主题等不同方面的语义元数据表达和解释不同的传感器感知数据[145]。

3.4.1　炼焦过程传感器网络本体描述模型

1. 炼焦过程传感器网络本体描述框架

结合 SSN 本体和语义传感器 Web，针对炼焦过程这一特殊领域对物联网中传感器网络的特定要求，在现有传感器本体构建方法的基础上，对本节中传感器网络设备特征和属性进行挖掘和分析，并扩展传感器本体概念，对传感器本体描述框架进行改进和扩展，构建了炼焦过程传感器网络设备本体描述框架，如图 3.18 所示。

图 3.18　传感器网络本体描述模块

对传感器模块、系统模块、设备模块、处理过程模块、部署模块、平台模块、数据模块、观测模块、情境模块、服务模块、物理特性模块的描述与经典的传感器本体模块基本类似，而对测量特性模块和条件约束模块的描述则比较具有炼焦过程特点。测量特性模块主要描述每个实体传感器节点的测量属性；条件约束模块用于描述传感器在某一状态下的特殊性能，如炼焦过程中的温度传感器的"测量范围 0～1300℃，误差±10℃"，其中"±10℃"就是一种条件约束。同时，在本框架中，还添加了封装特性模块，因为炼焦过程现场往往环境比较恶劣，受外界干扰较大，而且常常是高温、易侵蚀状态的测量，因此对传感器节点有特殊的封装要求，以适应炼焦过程测量环境。

2. 炼焦过程传感器网络本体概念及关系描述

炼焦过程传感器网络本体描述模型中，基本概念包括传感器、处理过程、系统等。

传感器是指能够测量和计算任何现象的传感设备；处理过程是指传感器的信号输入输出处理过程，有相应的输入参数和输出参数；系统是指由传感器、采集器、电源等组件构成的复合型传感设备和软件程序。除了这几个基本概念外，其他概念还包括传感器、物理特性、观测值和测量值域等，传感器的物理特性包括传感器位置、电源供应、平台、尺寸、重量、工作状况等属性；观测值包括观测值、精确度、频率、响应模型和感知领域等属性；测量值域包括测量单位、测量质量、采样方法、测量时间等属性[146]。

　　除了对概念的描述，还应该考虑概念间的关系。此处以传感器这一概念为例说明概念间的关系。如传感器有"检测"、"具有性能"、"实现"、"提供服务"、"观测"等属性，"检测"是传感器与传感器输入的关系，指传感器监测是否有输入信号；"具有性能"是传感器与性能的关系，指传感器具有性能信息；"实现"是传感器与感知的关系，指传感器具有感知功能；"提供服务"是传感器与服务的关系，指传感器能够提供的服务；"观测"是传感器与属性的关系，指传感器观测的对象[146]。而观测值这一概念，有"具有观测位置"、"具有观测时间"、"具有观测主题"、"具有值"等属性；"具有值"是"传感器输出"与"观测值"直接的关系，"传感器输出"与"传感器"之间具有"来自于"属性，表示该输出数据是来自于该传感器。该本体中涉及的主要概念及其基本关系描述如图 3.19 所示，主要包括配置模块、系统模块、系统特性模块、处理过程模块、传感器模块、情境模块、物理特性模块和条件约束模块等。

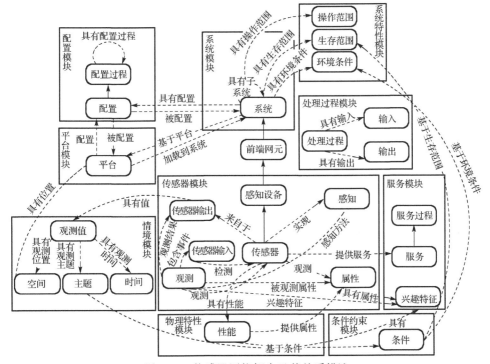

图 3.19　传感器网络概念及其关系描述

3.4.2　炼焦过程传感器网络本体构建

W3C 语义传感器网络孵化小组（W3C Semantic Sensor Network Incubator Group）
开发的语义传感器网络本体 SSN[143]通过继承和重用通用本体 DUL（DOLCE ultra
lite），为冶金过程领域的本体建模奠定了良好的基础。但是，由于 SSN 本体只对传
感器和传感器观测以及相关概念进行描述，并未对领域概念、时间、地点和传感器
能耗等方面进行描述，具体的应用领域需要以其为上层本体来进行进一步的扩展。

针对以上问题，本书在继承和重用语义传感器网络本体 SSN 本体和通用本体
DUL 的基础上，结合冶金炼焦领域的特点和需求，借鉴文献[146]提出的物联网前端
感知设备本体构建和描述方法，构建了冶金炼焦过程传感器网络本体（mobile
wireless sensor network，MWSN），如图 3.20 所示。

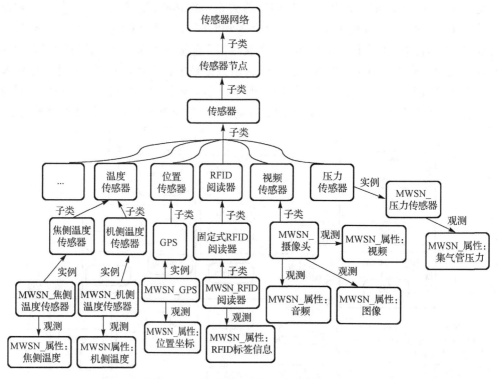

图 3.20　冶金炼焦过程传感器网络本体

在对传感器描述方面，MWSN 本体继承了 SSN 本体中的传感器设备类
SensingDevice，并根据冶金炼焦领域系统需求自定义了 5 类共 12 个传感器实例，
同时，整个冶金炼焦领域传感器网络本体可以根据系统需要进行调整和扩充，以满
足冶金炼焦过程辅助决策的数据采集需要。

传感器属于感知设备的子类，本书中的传感器包括温度传感器、压力传感器、RFID 阅读器、位置传感器、视频传感器等，属于"传感器"类的子类，每个子类都给出了相应的实例。同时，该模型还给出了传感器的观测属性，如 RFID 阅读器读取的是配置于焦炉机车铁轨上或某些操作设备及操作人员身上的电子标信息；温度传感器感知的是某个焦炉某个燃烧室的标准火道温度；压力传感器感知的是烟道吸力或集气管压力等。

3.4.3　炼焦过程传感器数据感知过程描述

冶金炼焦生产过程包括焦炉加热燃烧过程、焦炉煤气收集过程、焦炉生产作业过程等局部过程，局部生产过程之间是相互影响的，并决定最终冶金炼焦的质量。影响这些局部过程的因素有温度、压力、风门开度和烟道吸力等，其中，温度的影响是最为客观和重要的，将直接影响冶金炼焦的质量。因此，本节以炼焦过程中的温度传感器为例，描述传感器的感知过程(其他传感器本体的描述将不在书中一一列出)。温度传感器的感知过程模型如图 3.21 所示。

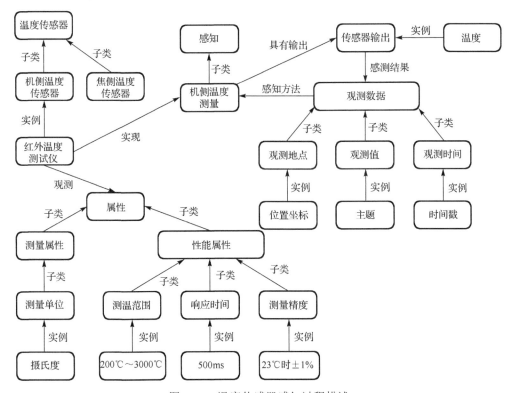

图 3.21　温度传感器感知过程描述

温度传感器的本体模型描述了温度传感器的感知过程。"温度传感器"是"传感器"的子类，温度传感器有两个子类，即"机侧温度传感器"和"焦侧温度传感器"。"红外温度测试仪"是"机侧温度传感器"的实例，"红外温度测试仪"实现"机侧温度测量"。温度传感器输出带有具体格式的温度值。观测数据通过时空语义元数据(时间、空间、主题)描述，"红外温度测试仪"具有测量属性、性能属性等，如测量属性的测量单位采用摄氏度，性能属性有测温范围、响应时间、测量精度等。温度传感器本体模型的部分 OWL 描述如下。

```
<owl:class>
 <owl:Class rdf:about IRI="#温度传感器">
</owl:Class>
 <owl:subClassof>
 <rdfs:subClassOf rdf:resource IRI="#传感器"/>
</owl:subClassof>
 <owl:NamedIndividual>
   <owl:NamedIndividual rdf:about IRI="红外温度测试仪">
   <rdf:type rdf:resource IRI="#温度传感器"/>
</owl:NamedIndividual>
 <owl:Restriction>
   <owl:onProperty rdf:resource IRI="#implements"/>
   <owl:someValuesFrom rdf:resource IRI="#感知"/>
 <owl:onProperty rdf:resource IRI="#observes"/>
   <owl:someValuesFrom rdf:resource IRI="#属性"/>
 <owl:Restriction>
<owl:Class>
   <owl:Class rdf:about IRI="#观测值">
   <rdfs:subClassOf rdf:resource IRI="#观测数据"/>
   <owl:Class rdf:about IRI="观测地点">
   <rdfs:subClassOf rdf:resource IRI="#观测数据"/>
   <owl:Class rdf:about IRI="#观测时间">
   <rdfs:subClassOf rdf:resource IRI="#观测数据"/>
</owl:Class>
```

3.4.4　炼焦过程传感器网络感知数据描述

1. 传感数据模型

传感数据模型用于描述传感器网络测量系统中传感器特性参数、数据格式及信号处理过程等。传感器特性参数是指对物理传感器自身特性的基本描述，是使用该传感器的前提和基础。其描述内容包括传感器标识、通道数量、通道类型、通道采样周期、最大传输率、测量范围、数据编码格式、实际测控数据传输所采用的协议等。传感器中的数据格式是传感器用以表示和保存从环境中获取数据的方式。传感数据描述接口标准要求,在传感器网络标准体系中需要一种有效和规范的方式获取,传输和保存传感器数据[147]。数据可以是传感器数据,也可以是控制命令。对于感知与测量结果的规范描述是终端用户是否能够有效获取感知信息的关键。信号处理过程是指传感器感知环境信息的过程。感知数据模型如图 3.22 所示。

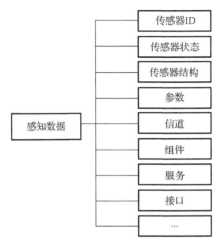

图 3.22　感知数据模型

更细化地,可以对模型中的每一个概念进行描述,如传感器 ID、传感器状态、参数、组件等。传感器 ID 用于标识传感器节点的身份,以便对其进行识别。传感器 ID 由编号(通用唯一识别码(universally unique identifier,UUID))、制造商、时间和描述四部分组成,如图 3.23 所示。

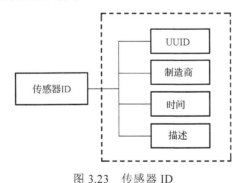

图 3.23　传感器 ID

2. 传感数据属性描述方法

传感器网络感知数据反映了物理实体的实时状态及状态变化过程,往往具有瞬时性和时空关联性等特征,对其物理意义的理解和智能化处理是基于对感知数据的属性描述来实现的[148]。数据属性是指描述数据特征的数据,是关于数据状况、质量、内容及其他特征的信息，为感知数据提供特征描述，是数据定位、发现和处理的关键[148,149]。本书借鉴文献[148]中对数据属性的描述方法，通过本体技术和资源描述框架(resource description framework，RDF)对炼焦过程传感器网络感知数据进行语义化描述。在数据模型中，数据属性通过统一资源标识符(uniform resource identifier，URI)表示，并通过经典的三元组形式描述。图 3.24 为基于 RDF 三元组表达的一个炼焦过程传感数据属性实例。其表达的主要意义可描述如下：某焦化厂(JHC)拥有3 号、4 号焦炉，3 号焦炉拥有 51 个燃烧室(RSS)，分别从 1～51 号进行编号。1 号燃烧室拥有 32 个火道(fire path，FP)，分别从 1～32 号进行编号，每个火道拥有自己的 ID，每个火道需进行火道温度测量，有相应的温度值(temp)。3 号焦炉所在位置用二维坐标(X, Y)表示。

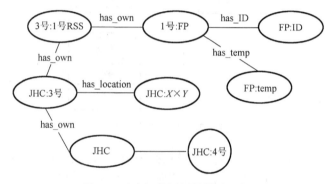

图 3.24　感知数据属性描述示例

3. 传感数据的语义化标注

数据属性是数据语义化标注的内容，数据的属性越丰富，则数据的表达能力越强。数据属性通常分为动态属性和静态属性，动态属性是随着数据的不断采集而实时变化的属性，如仪器设备的状态属性、数据的时间属性等；静态属性是指基本不随数据的采集而变化的属性，如数据所在的物理位置属性、数据关联的人员属性等。一般用 who、where、what、when、object、how、others 等基本属性去描述感知数据。who 表示与数据关联的人员信息，where 表示与数据关联的物理位置信息，what 表示数据的类型信息，when 表示数据的时间信息，object 表示数据对象的信息，how 表示数据采集方式的信息，others 表示数据其他方面的信息[148]。例如，炼焦过程中温度传感器测得某燃烧室立火道的温度为 1050℃，则这里的 who 表示管理燃烧室的操作人员(可选)；where 表示这个燃烧室，如 1 号燃烧室；what 表示具体的温度值；when 表示温度采集的具体时间，一般用时间戳表示；object 表示这个燃烧室的温度；how 表示温度的测量方式。在应用过程中，如果燃烧室的最佳温度是 1200℃，则通过温度值的比较及特征的描述，可以自动触发加温相关操作，该语义标注的实例如图 3.25 所示。

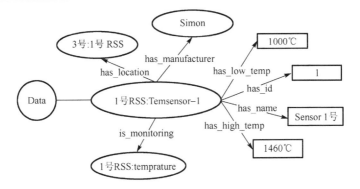

图 3.25　感知数据属性语义标注实例

第4章 炼焦过程信息语义化管理

为了对炼焦过程信息进行语义化管理，在三家大型钢铁企业的炼焦过程数据的基础上，设计了炼焦过程数据库，并结合炼焦领域知识及专家知识，基于本体技术构建了炼焦过程本体库，给出了炼焦过程本体知识的存储机制。

结合炼焦过程本体知识的特点，设计了一个多方法综合的本体映射模型，通过计算不同本体实体间的相似度，寻找本体之间的关联点，实现了跨本体的信息推理。最后对该本体映射模型进行了评估和实验验证，证明了其准确性。

4.1 炼焦过程数据库结构设计

通过现场采集的三家大型钢铁企业的炼焦过程所涉及的数据，对生产过程的数据进行了梳理和分析，整理出了冶金炼焦过程核心数据的数据项和数据结构。其核心数据项主要包含焦炉信息、基本参数信息、高炉煤气信息、焦炉煤气信息、分烟道信息、总烟道信息、标准蓄热室顶部吸力信息、焦炉直行温度信息、边火道温度信息、推焦电流信息、推焦加煤记录信息、干湿法熄焦信息、加煤合格系数信息、班计划信息表、焦炉热工设备巡检记录信息等。

4.1.1 数据库概念结构设计

对炼焦过程的 15 个实体进行分析，形成了炼焦过程数据表关系，如图 4.1所示。

4.1.2 数据库逻辑结构设计

在数据库概念结构设计中，对各实体进行分析形成了概念层数据模型。在逻辑结构设计阶段，需要将概念层数据模型转换为组织层数据模型，即将数据库的概念结构转化为可以供数据库管理系统处理的数据库逻辑结构。

根据炼焦过程数据库概念结构设计，炼焦过程数据库包括焦炉参数表、基本参数表、高炉煤气表、焦炉煤气表、分烟道/总烟道表、标准蓄热室顶部吸力表、集气管信息表、焦炉直行温度信息表、推焦电流信息表、推焦加煤记录信息表、干湿法熄焦信息表、加煤合格系数信息表、班计划信息表、焦炉热工设备巡检记录表、边火道温度表，其逻辑结构分别如表 4.1～表 4.15 所示。

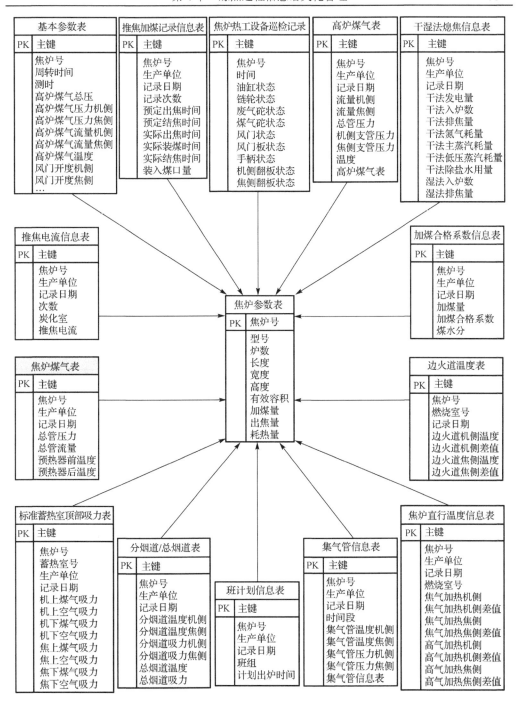

图 4.1 炼焦过程数据表关系

表 4.1　焦炉参数表（一）

字段名称	数据类型	说明
oven_no	varchar(20)	焦炉号
model	varchar(50)	型号
oven_num	bigint(6)	炉数
length	bigint(6)	长度
width	bigint(6)	宽度
height	bigint(6)	高度
cubage	bigint(6)	有效容积
coaling_num	bigint(6)	加煤量
coke_out	bigint(6)	出焦量
heat_dosage	bigint(6)	耗热量

表 4.2　基本参数表（一）

字段名称	数据类型	说明
parameter_id	int(11)	主键
coke_no	varchar(20)	焦炉号
turn_time	datetime	周转时间
measure_time	datetime	测时
glmq_parameter1	float(11)	高炉煤气总压
glmq_parameter2	float(11)	高炉煤气压力机侧
glmq_parameter3	float(11)	高炉煤气压力焦侧
glmq_parameter4	float(11)	高炉煤气流量机侧
glmq_parameter5	float(11)	高炉煤气流量焦侧
glmq_parameter6	float(11)	高炉煤气温度
glmq_parameter7	float(11)	焦炉煤气掺混流量机侧
glmq_parameter8	float(11)	焦炉煤气掺混流量焦侧
jlmq_parameter1	float(11)	焦炉煤气总管温度
jlmq_parameter2	float(11)	焦炉煤气总管流量
jlmq_parameter3	float(11)	焦炉煤气总管压力
zhwd_parameter1	float(11)	直行温度补偿值机侧
zhwd_parameter2	float(11)	直行温度补偿值焦侧
zhwd_parameter3	float(11)	直行温度标准温度机侧
zhwd_parameter4	float(11)	直行温度标准温度焦侧
zhwd_parameter5	float(11)	直行温度 K 均
zhwd_parameter6	float(11)	直行温度 K 安
ltwd_parameter1	float(11)	炉头温度机侧
ltwd_parameter2	float(11)	K 炉头机侧
ltwd_parameter3	float(11)	炉头温度焦侧
ltwd_parameter4	float(11)	K 炉头焦侧

字段名称	数据类型	说明
ltwd_parameter5	float(11)	炉头最高温度机侧
ltwd_parameter6	float(11)	炉头最高温度焦侧
ltwd_parameter7	float(11)	炉头最低温度机侧
ltwd_parameter8	float(11)	炉头最低温度焦侧
qtwd_parameter1	float(11)	蓄顶温度机侧煤气
qtwd_parameter2	float(11)	蓄顶温度机侧空气
qtwd_parameter3	float(11)	蓄顶温度焦侧煤气
qtwd_parameter4	float(11)	蓄顶温度焦侧空气
qtwd_parameter5	float(11)	分烟道温度机侧
qtwd_parameter6	float(11)	分烟道温度焦侧
qtwd_parameter7	float(11)	总烟道温度
qtwd_parameter8	float(11)	炉顶空间温度
qtwd_parameter9	float(11)	集气管温度机侧
qtwd_parameter10	float(11)	集气管温度焦侧
qtwd_parameter11	float(11)	集气管压力
ylzd_parameter1	float(11)	蓄顶吸力上升机侧
ylzd_parameter2	float(11)	蓄顶吸力上升焦侧
ylzd_parameter3	float(11)	蓄顶吸力下降机侧
ylzd_parameter4	float(11)	蓄顶吸力下降焦侧
ylzd_parameter5	float(11)	风门开度机侧
ylzd_parameter6	float(11)	风门开度焦侧
ylzd_parameter7	float(11)	烟道吸力总压
ylzd_parameter8	float(11)	烟道吸力机侧
ylzd_parameter9	float(11)	烟道吸力焦侧
ylzd_parameter10	float(11)	空气过剩系数机侧
ylzd_parameter11	float(11)	空气过剩系数焦侧
remark	varchar(255)	备注

表 4.3　高炉煤气表(一)

字段名称	数据类型	说明
id	int(6)	主键
coke_no	varchar(20)	焦炉号
unit	varchar(50)	生产单位
date	datetime	记录日期
parameter1	bigint(6)	流量机侧
parameter2	bigint(6)	流量焦侧
parameter3	bigint(6)	总管压力
parameter4	bigint(6)	机侧支管压力
parameter5	bigint(6)	焦侧支管压力
parameter6	bigint(6)	温度

表 4.4　焦炉煤气表（一）

字段名称	数据类型	说明
id	int（6）	主键
coke_no	varchar（20）	焦炉号
unit	varchar（50）	生产单位
date	datetime	记录日期
parameter1	bigint（6）	总管流量
parameter2	bigint（6）	总管压力
parameter3	bigint（6）	预热器前温度
parameter4	bigint（6）	预热器后温度

表 4.5　分烟道/总烟道表（一）

字段名称	数据类型	说明
id	int（6）	主键
coke_no	varchar（20）	焦炉号
unit	varchar（50）	生产单位
date	datetime	记录日期
parameter1	bigint（6）	分烟道温度机侧
parameter2	bigint（6）	分烟道温度焦侧
parameter3	bigint（6）	分烟道吸力机侧
parameter4	bigint（6）	分烟道吸力焦侧
parameter5	bigint（6）	总烟道温度
parameter6	bigint（6）	总烟道吸力

表 4.6　标准蓄热室顶部吸力表（一）

字段名称	数据类型	说明
id	int（6）	主键
coke_no	varchar（20）	焦炉号
unit	varchar（50）	生产单位
date	datetime	记录日期
parameter1	bigint（6）	机上煤气吸力
parameter2	bigint（6）	机上空气吸力
parameter3	bigint（6）	机下煤气吸力
parameter4	bigint（6）	机下空气吸力
parameter5	bigint（6）	焦上煤气吸力
parameter6	bigint（6）	焦上空气吸力
parameter7	bigint（6）	焦下煤气吸力
parameter8	bigint（6）	焦下空气吸力

表 4.7　集气管信息表（一）

字段名称	数据类型	说明
id	int(6)	主键
coke_no	varchar(20)	焦炉号
unit	varchar(50)	生产单位
date	datetime	记录日期
parameter1	bigint(6)	时间段
parameter2	bigint(6)	集气管温度机侧
parameter3	bigint(6)	集气管温度焦侧
parameter4	bigint(6)	集气管压力机侧
parameter5	bigint(6)	集气管压力焦侧

表 4.8　焦炉直行温度信息表（一）

字段名称	数据类型	说明
id	int(6)	主键
coke_no	varchar(20)	焦炉号
unit	varchar(50)	生产单位
date	datetime	记录日期
parameter1	bigint(6)	次数
parameter2	bigint(6)	焦气加热燃烧室号
parameter3	bigint(6)	焦气加热机侧
parameter4	bigint(6)	焦气加热机侧差值
parameter5	bigint(6)	焦气加热焦侧
parameter6	bigint(6)	焦气加热焦侧差值
parameter7	bigint(6)	高气加热燃烧室号
parameter8	bigint(6)	高气加热机侧
parameter9	bigint(6)	高气加热机侧差值
parameter10	bigint(6)	高气加热焦侧
parameter11	bigint(6)	高气加热焦侧差值

表 4.9　推焦电流信息表（一）

字段名称	数据类型	说明
id	int(6)	主键
coke_no	varchar(20)	焦炉号
unit	varchar(50)	生产单位
date	datetime	记录日期
parameter1	bigint(6)	次数
parameter2	bigint(6)	炭化室
parameter3	bigint(6)	推焦电流

表 4.10　推焦加煤记录信息表(一)

字段名称	数据类型	说明
id	int(6)	主键
coke_no	varchar(20)	焦炉号
unit	varchar(50)	生产单位
date	datetime	记录日期
parameter1	bigint(6)	记录次数
parameter2	bigint(6)	预定出焦时间
parameter3	bigint(6)	预定结焦时间
parameter4	bigint(6)	实际出焦时间
parameter5	bigint(6)	实际装煤时间
parameter6	bigint(6)	实际结焦时间
parameter7	bigint(6)	装入煤口量

表 4.11　干湿法熄焦信息表(一)

字段名称	数据类型	说明
id	int(6)	主键
coke_no	varchar(20)	焦炉号
unit	varchar(50)	生产单位
date	datetime	记录日期
parameter1	bigint(6)	干法发电量
parameter2	bigint(6)	干法入炉数
parameter3	bigint(6)	干法排焦量
parameter4	bigint(6)	干法氮气耗量
parameter5	bigint(6)	干法主蒸汽耗量
parameter6	bigint(6)	干法低压蒸汽耗量
parameter7	bigint(6)	干法除盐水用量
parameter8	bigint(6)	湿法入炉数
parameter9	bigint(6)	湿法排焦量

表 4.12　加煤合格系数信息表(一)

字段名称	数据类型	说明
id	int(6)	主键
coke_no	varchar(20)	焦炉号
unit	varchar(50)	生产单位
date	datetime	记录日期
parameter1	bigint(6)	加煤量
parameter2	bigint(6)	加煤合格系数
parameter3	bigint(6)	煤水分

表 4.13　班计划信息表（一）

字段名称	数据类型	说明
id	int（6）	主键
coke_no	varchar（20）	焦炉号
unit	varchar（50）	生产单位
date	datetime	记录日期
parameter1	bigint（6）	班组
parameter2	bigint（6）	计划出炉时间

表 4.14　焦炉热工设备巡检记录表（一）

字段名称	数据类型	说明
id	int（6）	主键
coke_no	varchar（20）	焦炉号
time	datetime	时间
OilCylinder	varchar（10）	油缸状态
ChainWheel	varchar（10）	链轮状态
ExhaustGasRoller	varchar（10）	废气砣状态
CoalGasRoller	varchar（10）	煤气砣状态
Throttle	varchar（10）	风门状态
ThrottlePlate	varchar（10）	风门板状态
Handle	varchar（10）	手柄状态
JiCeFB	varchar（10）	机侧翻板状态
JiaoCeFB	varchar（10）	焦侧翻板状态
GraphiteSituation	varchar（10）	石墨情况

表 4.15　边火道温度表（一）

字段名称	数据类型	说明
id	int（6）	主键
coke_no	varchar（20）	焦炉号
burnroom_no	varchar（30）	燃烧室号
record_date	date	记录日期
bhdjc_parameter1	bigint（6）	边火道机侧温度
bhdjc_parameter2	bigint（6）	边火道机侧差值
bhdjc_parameter3	bigint（6）	边火道焦侧温度
bhdjc_parameter4	bigint（6）	边火道焦侧差值

4.2　炼焦过程数据库到本体库的转换

在建立炼焦过程数据库的基础上，为了从中获取更丰富的领域知识，利用形式化手段对给出的概念术语及其之间相互联系进行明确定义，因此，需要将炼焦过程数据库转化为本体库。

4.2.1　转换过程

炼焦过程数据库到炼焦过程本体库的转换过程如下[150-153]。

(1)把炼焦过程数据库关系名称、属性名称、主键、外键和完整性约束等关系模式信息提取出来。

(2)分析从炼焦过程数据库提取出来的主键、外键、属性等信息，基于后面的炼焦过程数据库到炼焦过程本体的转换规则来构建相应本体，即创建相应炼焦过程本体概念，对创建的炼焦过程本体概念采用分类、分层等方式进行组织。

(3)对从炼焦过程数据库采用相关转换规则构建的炼焦过程本体去掉冗余关系。

(4)从炼焦过程数据库中把记录抽取出来。

(5)采用对应的转换规则把炼焦过程数据库中的记录转换为对应的炼焦过程本体实例，进而建立知识库。

4.2.2　转换规则

炼焦过程数据库转换成炼焦过程本体涉及表、字段、约束、记录等方面，各方面对应的转换规则如下[150-153]。

(1)炼焦过程数据库中的数据表到炼焦过程本体概念的转换规则。

规则C1:对炼焦过程数据库的一个表 T 来说,如果表 T 存在唯一的主键 pkey(T),那么将表 T 转换为冶金过程本体中的一个概念 C。

规则C2：对炼焦过程数据库的两个表 T_i 和 T_j，如果 T_i 和 T_j 的主键 pkey(T_i)、pkey(T_j) 相同，并且主键 pkey(T_i)、pkey(T_j) 存在依赖和包含关系，那么表 T_i 和 T_j 转换为炼焦过程本体中同一个概念 C_i。

规则C3:对炼焦过程数据库的两个关系表 T_i 和 T_j,如果 T_i 和 T_j 的主键 pkey(T_i)、pkey(T_j) 相同，并且主键 pkey(T_i)、pkey(T_j) 存在依赖和包含关系，并在炼焦过程本体中关系表 T_i 对应概念 C_i 和关系表 T_j 对应的概念 C_j 均存在，那么将关系表 T_i 和 T_j 分别转换为炼焦过程本体中的概念 C_i 和 C_j，且概念 C_i 与概念 C_j 之间存在包含关系。

规则C4:对炼焦过程数据库的一个表 T 来说，如果表 T 存在主键 pkey(T)，且 $|\text{pkey}(T)|>1$，存在一个属性属于主键 pkey(T) 但不属于外键 fkey(T)，那么将表 T 转换为炼焦过程本体中的一个概念 C。

(2)炼焦过程数据库中关系表的字段到炼焦过程本体属性的转换规则。

规则 P1：对炼焦过程数据库的一个关系表 T 来说，如果表 T 有主键 pkey(T)，即 $|\text{pkey}(T)|\geq 1$，那么关系表 T 的字段 A_i 转换为炼焦过程本体中的概念 C_i 的属性。

规则 P1-1：对炼焦过程数据库的一个关系表 T_i 来说，如果关系表 T_i 存在主键

pkey(T_i)，即|pkey(T_i)|≥1，并且满足下列条件：表 T_i 存在外键 fkey(T_i)（即|fkey(T_i)|≥1）且 T_i 外键中的字段 A_i 满足 $T_i(A_i)$ 包含于 $T_j(A_i)$，那么外键 fkey(T_i) 可以转换成炼焦过程本体中的概念 C_i 的属性 OP$_i$，属性 OP$_i$ 的定义域为表 T_i 对应在炼焦过程本体中的概念 C_i，值域为表 T_j 对应在炼焦过程本体中的概念 C_j。

规则 P1-2：对炼焦过程数据库的一个表关系 T 来说，如果表 T 有主键 pkey(T)，即|pkey(T)|≥1，并且表 T 除主键、外键以外还存在其他字段（即 A = attr(T) −pkey(T)−fkey(T)，|A|≥1），那么除了主键、外键以外的每个字段转换为炼焦过程本体中概念 C 的数据类型属性 DP。

规则 P2：对于炼焦过程数据库的表 T_i、T_j 和 T_k，如果 pkey(T_i)∪pkey(T_j)=fkey(T_k)，pkey(T_i)∩pkey(T_j)=∅，|pkey(T_i)|=|pkey(T_j)|=1，也就是表 T_k 与表 T_i 和 T_j 相关，那么 pkey(T_i) 和 pkey(T_j) 分别转换为炼焦过程本体中下概念的属性 OP$_i$ 和 OP$_j$，其中，OP$_i$ 的定义域为 C_i，OP$_i$ 的值域为 C_j；OP$_j$ 的定义域为 C_j，OP$_j$ 的值域为 C_i，OP$_i$ 和 OP$_j$ 互为反关系。C_i 和 C_j 分别对应表 T_i 和 T_j。

(3) 炼焦过程数据库中的约束到炼焦过程本体约束公理的转换规则。

规则 R1：如果规则 P1-1 满足，也就是炼焦数据库的关系表中存在外键，那么转换后的炼焦过程本体的概念属性 OP$_i$ 的 AllValuesFrom 受限，该受限指概念的相关包含依赖。

规则 R2：对于炼焦过程数据库表 T_i，如果字段 A = pkey(T_i)∪fpkey(T_i)，$A≠∅$，那么每个炼焦过程本体中概念的属性 P_i（P_i 是炼焦过程数据库表 T_i 的字段 A_i 对应的属性）的最小数量约束和最大数量约束都为 1，或者每个 P_i 的数量约束都为 1。

规则 R3：对于炼焦过程数据库表 T_i，如果字段 $A_i ∈$ attr(T_i) 并且字段 A_i 被置为 UNIQUE，那么炼焦过程本体中概念的属性 P_i（P_i 是炼焦过程数据库表 T_i 的字段 A_i 对应的属性）的最大数量约束为 1。

规则 R4：对于炼焦过程数据库表 T_i，如果字段 $A_i ∈$ attr(T_i) 并且字段 A_i 被置为 NULL，那么炼焦过程本体中概念的属性 P_i（P_i 是炼焦过程数据库表 T_i 的字段 A_i 对应的属性）的最小数量约束为 0；如果字段 A_i 被置为 NOT NULL，那么炼焦过程本体中概念的属性 P_i（P_i 是炼焦过程数据库表 T_i 的字段 A_i 对应的属性）的最小数量约束为 1。

(4) 炼焦过程数据库中表的记录到炼焦过程本体实例的转换规则。

规则 I1：如果炼焦数据库中的表 T_i 被转换为炼焦过程本体中的概念 C_i，那么炼焦过程数据表 T_i 的一个元组（即一条记录）转换为概念 C_i 的实例 a_i，元组的每个字段值转换为实例 a_i 的属性。

规则 I2：如果炼焦过程数据库中的表 T_i 的所有元组互不相同，那么转换的炼焦过程本体实例之间断言为 AllDifferent。

4.2.3　转换实例

对焦炉参数表、基本参数表、高炉煤气表、焦炉煤气表、分烟道/总烟道表、标准蓄热室顶部吸力表、集气管信息表、焦炉直行温度信息表、推焦电流信息表、推焦加煤记录信息表、干湿法熄焦信息表、加煤合格系数信息表、班计划信息表、焦炉热工设备巡检记录表、边火道温度表等数据表中的字段名称用生产过程中代表的实际含义进行重新描述如表 4.16～表 4.30 所示。

表 4.16　焦炉参数表（二）

字段名称	数据类型	说明
焦炉号	varchar(20)	PK UK
型号	varchar(50)	FK
炉数	bigint(6)	
长度	bigint(6)	
宽度	bigint(6)	
高度	bigint(6)	
有效容积	bigint(6)	
加煤量	bigint(6)	
出焦量	bigint(6)	
耗热量	bigint(6)	

表 4.17　基本参数表（二）

字段名称	数据类型	说明
序号	int(11)	PK UK
焦炉号	varchar(20)	FK
周转时间	datetime	
测时	datetime	
高炉煤气总压	float(11)	
高炉煤气压力机侧	float(11)	
高炉煤气压力焦侧	float(11)	
高炉煤气流量机侧	float(11)	
高炉煤气流量焦侧	float(11)	
高炉煤气温度	float(11)	
焦炉煤气掺混流量机侧	float(11)	
焦炉煤气掺混流量焦侧	float(11)	
焦炉煤气总管温度	float(11)	
焦炉煤气总管流量	float(11)	
焦炉煤气总管压力	float(11)	
直行温度补偿值机侧	float(11)	
直行温度补偿值焦侧	float(11)	

续表

字段名称	数据类型	说明
直行温度标准温度机侧	float(11)	
直行温度标准温度焦侧	float(11)	
直行温度 K 均	float(11)	
直行温度 K 安	float(11)	
炉头温度机侧	float(11)	
K 炉头机侧	float(11)	
炉头温度焦侧	float(11)	
K 炉头焦侧	float(11)	
炉头最高温度机侧	float(11)	
炉头最高温度焦侧	float(11)	
炉头最低温度机侧	float(11)	
炉头最低温度焦侧	float(11)	
蓄顶温度机侧煤气	float(11)	
蓄顶温度机侧空气	float(11)	
蓄顶温度焦侧煤气	float(11)	
蓄顶温度焦侧空气	float(11)	
分烟道温度机侧	float(11)	
分烟道温度焦侧	float(11)	
总烟道温度	float(11)	
炉顶空间温度	float(11)	
集气管温度机侧	float(11)	
集气管温度焦侧	float(11)	
集气管压力	float(11)	
蓄顶吸力上升机侧	float(11)	
蓄顶吸力上升焦侧	float(11)	
蓄顶吸力下降机侧	float(11)	
蓄顶吸力下降焦侧	float(11)	
风门开度机侧	float(11)	
风门开度焦侧	float(11)	
烟道吸力总压	float(11)	
烟道吸力机侧	float(11)	
烟道吸力焦侧	float(11)	
空气过剩系数机侧	float(11)	
空气过剩系数焦侧	float(11)	
备注	varchar(255)	

表 4.18　高炉煤气表（二）

字段名称	数据类型	说明
序号	int（6）	PK UK
焦炉号	varchar（20）	FK
生产单位	varchar（50）	
记录日期	datetime	
流量机侧	bigint（6）	
流量焦侧	bigint（6）	
总管压力	bigint（6）	
机侧支管压力	bigint（6）	
焦侧支管压力	bigint（6）	
温度	bigint（6）	

表 4.19　焦炉煤气表（二）

字段名称	数据类型	说明
序号	int（6）	PK UK
焦炉号	varchar（20）	FK
生产单位	varchar（50）	
记录日期	datetime	
总管流量	bigint（6）	
总管压力	bigint（6）	
预热器前温度	bigint（6）	
预热器后温度	bigint（6）	

表 4.20　分烟道/总烟道表（二）

字段名称	数据类型	说明
序号	int（6）	PK UK
焦炉号	varchar（20）	FK
生产单位	varchar（50）	
记录日期	datetime	
分烟道温度机侧	bigint（6）	
分烟道温度焦侧	bigint（6）	
分烟道吸力机侧	bigint（6）	
分烟道吸力焦侧	bigint（6）	
总烟道温度	bigint（6）	
总烟道吸力	bigint（6）	

表 4.21 标准蓄热室顶部吸力表（二）

字段名称	数据类型	说明
序号	int(6)	PK UK
焦炉号	varchar(20)	FK
生产单位	varchar(50)	
记录日期	datetime	
机上煤气吸力	bigint(6)	
机上空气吸力	bigint(6)	
机下煤气吸力	bigint(6)	
机下空气吸力	bigint(6)	
焦上煤气吸力	bigint(6)	
焦上空气吸力	bigint(6)	
焦下煤气吸力	bigint(6)	
焦下空气吸力	bigint(6)	

表 4.22 集气管信息表（二）

字段名称	数据类型	说明
序号	int(6)	PK UK
焦炉号	varchar(20)	FK
生产单位	varchar(50)	
记录日期	datetime	
时间段	bigint(6)	
集气管温度机侧	bigint(6)	
集气管温度焦侧	bigint(6)	
集气管压力机侧	bigint(6)	
集气管压力焦侧	bigint(6)	

表 4.23 焦炉直行温度信息表（二）

字段名称	数据类型	说明
序号	int(6)	PK UK
焦炉号	varchar(20)	FK
生产单位	varchar(50)	
记录日期	datetime	
次数	bigint(6)	
焦气加热燃烧室号	bigint(6)	
焦气加热机侧	bigint(6)	
焦气加热机侧差值	bigint(6)	
焦气加热焦侧	bigint(6)	
焦气加热焦侧差值	bigint(6)	
高气加热燃烧室号	bigint(6)	

字段名称	数据类型	说明
高气加热机侧	bigint(6)	
高气加热机侧差值	bigint(6)	
高气加热焦侧	bigint(6)	
高气加热焦侧差值	bigint(6)	

表 4.24　推焦电流信息表（二）

字段名称	数据类型	说明
序号	int(6)	PK UK
焦炉号	varchar(20)	FK
生产单位	varchar(50)	
记录日期	datetime	
次数	bigint(6)	
炭化室	bigint(6)	
推焦电流	bigint(6)	

表 4.25　推焦加煤记录信息表（二）

字段名称	数据类型	说明
序号	int(6)	PK UK
焦炉号	varchar(20)	FK
生产单位	varchar(50)	
记录日期	datetime	
记录次数	bigint(6)	
预定出焦时间	bigint(6)	
预定结焦时间	bigint(6)	
实际出焦时间	bigint(6)	
实际装煤时间	bigint(6)	
实际结焦时间	bigint(6)	
装入煤口量	bigint(6)	

表 4.26　干湿法熄焦信息表（二）

字段名称	数据类型	说明
序号	int(6)	PK UK
焦炉号	varchar(20)	FK
生产单位	varchar(50)	
记录日期	datetime	
干法发电量	bigint(6)	
干法入炉数	bigint(6)	
干法排焦量	bigint(6)	
干法氮气耗量	bigint(6)	

字段名称	数据类型	说明
干法主蒸汽耗量	bigint(6)	
干法低压蒸汽耗量	bigint(6)	
干法除盐水用量	bigint(6)	
湿法入炉数	bigint(6)	
湿法排焦量	bigint(6)	

表 4.27　加煤合格系数信息表（二）

字段名称	数据类型	说明
序号	int(6)	PK UK
焦炉号	varchar(20)	FK
生产单位	varchar(50)	
记录日期	datetime	
加煤量	bigint(6)	
加煤合格系数	bigint(6)	
煤水分	bigint(6)	

表 4.28　班计划信息表（二）

字段名称	数据类型	说明
序号	int(6)	PK UK
焦炉号	varchar(20)	FK
生产单位	varchar(50)	
记录日期	datetime	
班组	bigint(6)	
计划出炉时间	bigint(6)	

表 4.29　焦炉热工设备巡检记录表（二）

字段名称	数据类型	说明
序号	int(6)	PK UK
焦炉号	varchar(20)	FK
时间	datetime	
油缸状态	varchar(10)	
链轮状态	varchar(10)	
废气砣状态	varchar(10)	
煤气砣状态	varchar(10)	
风门状态	varchar(10)	
风门板状态	varchar(10)	
手柄状态	varchar(10)	
机侧翻板状态	varchar(10)	
焦侧翻板状态	varchar(10)	
石墨情况	varchar(10)	

表 4.30　边火道温度表(二)

字段名称	数据类型	说明
序号	int(6)	PK UK
焦炉号	varchar(20)	FK
燃烧室号	varchar(30)	
记录日期	date	
边火道机侧温度	bigint(6)	
边火道机侧差值	bigint(6)	
边火道焦侧温度	bigint(6)	
边火道焦侧差值	bigint(6)	

该炼焦过程数据库采用炼焦过程数据库到炼焦过程本体的转换规则可得到对应的炼焦过程本体的概念及概念属性如下。

(1)转换得到的概念包括焦炉参数、基本参数、高炉煤气、焦炉煤气、分烟道/总烟道、标准蓄热室顶部吸力、集气管信息、焦炉直行温度信息、推焦电流信息、推焦加煤记录信息、干湿法熄焦信息、加煤合格系数信息、班计划信息、焦炉热工设备巡检记录、边火道温度。

(2)转换得到的各概念属性如下。

①焦炉参数属性:焦炉号、型号、炉数、长度、宽度、高度、有效容积、加煤量、出焦量、耗热量。

②基本参数属性:序号、焦炉号、周转时间、测时、高炉煤气总压、高炉煤气压力机侧、高炉煤气压力焦侧、高炉煤气流量机侧、高炉煤气流量焦侧、高炉煤气温度、焦炉煤气掺混流量机侧、焦炉煤气掺混流量焦侧、焦炉煤气总管温度、焦炉煤气总管流量、焦炉煤气总管压力、直行温度补偿值机侧、直行温度补偿值焦侧、直行温度标准温度机侧、直行温度标准温度焦侧、直行温度 K 均、直行温度 K 安、炉头温度机侧、K 炉头机侧、炉头温度焦侧、K 炉头焦侧、炉头最高温度机侧、炉头最高温度焦侧、炉头最低温度机侧、炉头最低温度焦侧、蓄顶温度机侧煤气、蓄顶温度机侧空气、蓄顶温度焦侧煤气、蓄顶温度焦侧空气、分烟道温度机侧、分烟道温度焦侧、总烟道温度、炉顶空间温度、集气管温度机侧、集气管温度焦侧、集气管压力、蓄顶吸力上升机侧、蓄顶吸力上升焦侧、蓄顶吸力下降机侧、蓄顶吸力下降焦侧、风门开度机侧、风门开度焦侧、烟道吸力总压、烟道吸力机侧、烟道吸力焦侧、空气过剩系数机侧、空气过剩系数焦侧、备注。

③高炉煤气属性:序号、焦炉号、生产单位、记录日期、流量机侧、流量焦侧、总管压力、机侧支管压力、焦侧支管压力、温度。

④焦炉煤气属性:序号、焦炉号、生产单位、记录日期、总管流量、总管压力、预热器前温度、预热器后温度。

⑤分烟道/总烟道属性：序号、焦炉号、生产单位、记录日期、分烟道温度机侧、分烟道温度焦侧、分烟道吸力机侧、分烟道吸力焦侧、总烟道温度、总烟道吸力。

⑥标准蓄热室顶部吸力属性：序号、焦炉号、生产单位、记录日期、机上煤气吸力、机上空气吸力、机下煤气吸力、机下空气吸力、焦上煤气吸力、焦上空气吸力、焦下煤气吸力、焦下空气吸力。

⑦集气管属性：序号、焦炉号、生产日期、记录日期、时间段、集气管温度机侧、集气管温度焦侧、集气管压力机侧、集气管压力焦侧。

⑧焦炉直行温度属性：序号、焦炉号、生产单位、记录日期、次数、焦气加热燃烧室号、焦气加热机侧、焦气加热机侧差值、焦气加热焦侧、焦气加热焦侧差值、高气加热燃烧室号、高气加热机侧、高气加热机侧差值、高气加热焦侧、高气加热焦侧差值。

⑨推焦电流属性：序号、焦炉号、生产单位、记录日期、次数、炭化室、推焦电流。

⑩推焦加煤记录属性：序号、焦炉号、生产单位、记录日期、记录次数、预定出焦时间、预定结焦时间、实际出焦时间、实际装煤时间、实际结焦时间、装入煤口量。

⑪干湿法熄焦属性：序号、焦炉号、生产单位、记录日期、干法发电量、干法入炉数、干法排焦量、干法氮气耗量、干法主蒸汽耗量、干法低压蒸汽耗量、干法除盐水用量、湿法入炉数、湿法排焦量。

⑫加煤合格系数属性：序号、焦炉号、生产单位、记录日期、加煤量、加煤合格系数、煤水分。

⑬班计划属性：序号、焦炉号、生产单位、记录日期、班组、计划出炉时间。

⑭焦炉热工设备巡检记录属性：序号、焦炉号、时间、油缸状态、链轮状态、废气砣状态、煤气砣状态、风门状态、风门板状态、手柄状态、机侧翻板状态、焦侧翻板状态、石墨情况。

⑮边火道温度属性：序号、焦炉号、燃烧室号、记录日期、边火道机侧温度、边火道机侧差值、边火道焦侧温度、边火道焦侧差值。

4.3　炼焦过程本体库构建与本体知识的存储

炼焦过程信息的语义化管理的关键环节是炼焦过程领域本体库，炼焦过程领域本体库包括两部分：一部分是通过炼焦过程数据库转换而来；另一部分是通过手工来构建炼焦过程本体。手工方式构建炼焦过程本体包括炼焦过程概念提取、炼焦过程概念间关系的确定。根据本体库建设的规范设计了炼焦过程领域本体，首先对炼焦过程领域本体的构建原则、方法、步骤进行研究，然后采用 Protégé 软件对炼焦过程领域本体构建进行实现。

4.3.1　炼焦过程本体构建方法与步骤

1. 炼焦本体构建方法

目前使用比较广泛的本体构建方法主要有以下七种[154,155]：IDEF(ICAM definition)法、骨架法(skeletal methodology)、企业建模(TOVE)法、Methontology 法、KACTUS 工程法、SENSUS 法和七步法。一般较为常用的四种方法是骨架法、TOVE 法、Methontology 法和七步法。

2. 炼焦过程本体的构建步骤

炼焦过程领域本体的构建步骤如下。

(1)确定炼焦过程本体的范畴。炼焦过程包含很多概念，如加热过程、物理化学反应、各种设备参数、各种影响因素等。因此，考虑到方便性、实用性，炼焦过程本体将依据配煤、加热燃烧、集气、推焦等炼焦过程进行构建。

(2)列出炼焦过程的重要术语。由于步骤(1)已经确定了炼焦过程本体，将以配煤、加热燃烧、集气、推焦等炼焦过程涉及的各种概念、关系进行本体构建，因此，需要通过炼焦过程专家将炼焦过程各种重要术语一一列举出来，如装煤系数、过剩系数、标准温度、炉头温度等炼焦过程的主要术语。

(3)对炼焦过程中的概念进行分类、分层。为了让所构建的炼焦过程本体层次清晰、分层合理，采用自顶向下的方式对冶金炼焦过程概念进行分层。

冶金过程分为炼焦过程、烧结过程、炼铁过程、炼钢过程、轧钢过程。

炼焦过程分为配煤过程、焦炉加热过程、焦炉煤气收集过程、焦炉推焦作业过程、熄焦作业过程。

(4)炼焦过程本体的表示。当范畴确定好、重要术语列完、炼焦过程概念已分类后，采用 OWL 语言对炼焦过程本体进行形式化表示，形成比较规范的炼焦过程本体，主要是 OWL 具有较强的语义表示能力。

(5)炼焦过程本体优化。炼焦过程本体建立后，还需对炼焦过程本体中的概念、概念间关系优化处理，特别是要优化炼焦过程本体概念间的关系。另外，所构建的炼焦过程本体可能在某些方面不是很完善。于是，在炼焦过程本体应用过程中，需逐步对其进行完善和优化，改进它的不足之处。

4.3.2　炼焦过程本体的构建

炼焦过程本体库构建是研究的基础，按照上述炼焦过程本体构建步骤来构建一个炼焦过程领域本体。

1. 炼焦过程领域数据收集整理

通过三家大型钢铁企业获得的炼焦过程相关数据，包括各焦炉的加热制度表、热工巡检记录表、直行温度平均计算表、班计划、推焦加煤记录、火道温度表、日报表、操作岗位手册等，得到炼焦过程核心数据的概念及属性信息。

收集《炼焦工艺》[156]、《冶金化学工艺学》[157]、《炼焦工艺设计规范》[158]、《炼焦学》[159]等相关书籍资料里面炼焦过程的相关概念、数据。通过查阅炼焦相关文献资料、咨询领域专家收集到一些数据，得到炼焦过程领域数据之间的关系。

2. 炼焦过程概念结构

1) 炼焦过程的概念结构设计

炼焦过程本体主要包括如下部分。

炼焦过程：配煤过程、焦炉加热燃烧过程、焦炉煤气收集过程、焦炉推焦作业过程、熄焦作业过程。

炼焦加热燃烧过程状态参数：机侧火道温度、机侧混合煤气压力、机侧分烟道吸力、机侧煤气流量、焦侧火道温度、焦侧混合煤气压力、焦侧分烟道吸力、焦侧煤气流量、蓄顶温度、焦炉煤气流量主管阀后压力。

集气管集气过程：集气管压力、初冷器前吸力、碟阀开度、鼓风机后煤气压力、鼓风机转数、外送压力、机前吸力、机侧上升管煤气温度。

供热量相关状态：序号、时间、焦炉号、焦炉煤气主管流量、机焦侧煤气流量、混合煤气压力、分烟道吸力、高炉煤气主管流量。

火道温度状态：序号、时间、焦炉号、机焦侧直行温度、边火道温度。

蓄顶温度状态：序号、时间、焦炉号、机焦侧平均温度、蓄顶温度值 1、…、蓄顶温度值 n。

上升管温度状态：序号、时间、焦炉号、机焦侧平均温度、上升管温度值 1、…、上升管温度值 n。

收发数据记录：序号、时间、焦炉号、机焦侧直行温度、机焦侧煤气流量、边火道温度、混合煤气压、分烟道吸力、焦炉煤气总管流量、高炉煤气主管流量、碟阀开度、集气管压力、班组号、燃烧室号、计划推焦时间。

集气管压力设定：序号、时间、一号碟阀开度、二号碟阀开度、三号碟阀开度。

调度计划执行：序号、时间、班组号、焦炉号、炭化室号、计划装煤时间、计划推焦时间、标志位。

集气管压力状态：序号、时间、焦炉号、碟阀开度、集气管压力、初冷器前吸力、鼓风机转速、鼓风机后煤气压力、机前吸力。

2) 炼焦过程概念集示例

炼焦过程概念是炼焦过程本体库的重要部分,对炼焦领域进行了较全面的抽取,部分重点概念如下:干法熄焦装置、煤塔、炭化室、炼焦设备、煤气、筛焦系统、焦仓、除尘器、输煤系统、焦炉设备、输焦系统、回收设备等,下面以干法熄交装置为例,将其概念及过程实例化。

(1) 概念集示例。

干法熄焦装置:1号干熄炉、装入装置、排焦装置、提升机、电机车及焦罐台车、焦罐、一次除尘器、二次除尘器、干熄焦锅炉单元、循环风机、环境除尘地面站、水处理单元、自动化控制单元、发电机组单元。

(2) 概念实例示例。

干熄炉、装入装置、排焦装置、提升机、1号电机车、2号电机车、3号电机车、1号焦罐台车、2号焦罐台车、1号焦罐、2号焦罐、3号焦罐、一次除尘器、二次除尘器、干熄焦锅炉单元、循环风机、环境除尘地面站、水处理单元、自动化控制单元、发电机组单元。

3) 炼焦过程本体概念间关系

通过对炼焦领域概念的分析,较全面抽取炼焦过程概念间关系,部分重点关系如下:备煤车间与煤塔是位置关系、煤塔与炭化室是位置关系、装煤车与炼焦设备是部分与整体关系、推焦车与炼焦设备是部分与整体关系、焦炉煤气与煤气是子-父关系、振动筛与筛焦系统是部分与整体关系、大块焦仓与焦仓是子-父关系、干熄炉与干法熄焦装置是部分与整体关系、一次除尘器与除尘器是子-父关系、湿法熄焦与炼焦过程是子-父关系、锤式粉碎机与输煤系统是部分与整体关系、迁车台与翻车机系统是部分与整体关系、焦炉炉体铁件与焦炉设备是部分与整体关系、集气管与炉顶设备是部分与整体关系、电机车与焦炉移动机械是部分与整体关系、炭化室与焦炉炉体是部分与整体关系、振煤机构与装煤车是部分与整体关系、焦仓与输焦系统是部分与整体关系、干法熄焦与炼焦过程是子-父关系。

4.3.3　炼焦过程本体知识的存储

炼焦过程本体库构建好以后,还需考虑如何来存储炼焦过程本体,目前主要的本体存储方法包括以下三种[160]:纯文本格式存储、数据库方式存储及专门管理工具方式存储。其中,数据库方式存储可以利用 SQL 的优势对本体进行高效的管理,但设计复杂,可扩展性较差、语义支持度不好;专门管理工具方式存储支持存储和管理 RDF 和 OWL、提供较好的开发接口,但这些工具没有普遍性、难于扩展;纯文本格式存储本体管理方便、易及时修改、扩展,支持的工具较多[155]。因此,利用 Protégé4.1 生成的炼焦过程本体文件将不改变其存储方式。

　　结合炼焦过程信息资源的特征和关联数据的结构特征，采用基于 OWL 格式来组织异构炼焦过程领域信息资源知识。

　　OWL 是 W3C 开发的一种网络本体语言，主要是用语义描述本体，但 OWL 比 XML、RDF、RDF Schema（RDFS）有更多的语义表达机制。OWL 是基于 DAML+OIL 扩展而来的。图 4.2 给出了本体表示模型与本体语言之间的关系[155]。

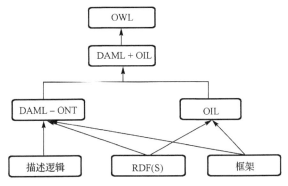

图 4.2　本体表示模型语言关系

　　OWL 语言继承了 RDF、RDFS 的语法，OWL 本体元素主要包括类、属性、类实例、实例间关系。OWL 构造器包括 owl:Class、owl:DatatypeProperty、owl:ObjectProperty 等。OWL 包含对象属性和数据类型属性[155]。

　　OWL 语言描述的炼焦过程本体如下。

　　(1)炼焦过程概念描述。

```
<owl:Class rdf:about="http://www.semanticweb.org/ontologies/2015/9/
   Ontology1444106798625.owl#推焦">
<rdfs:subClassOf rdf:resource="…/Ontology1444106798625.owl#推焦-拦
   焦-熄焦过程"/>
</owl:Class>
<owl:Class rdf:about="…/Ontology1444106798625.owl#推焦-拦焦-熄焦过程">
  <rdfs:subClassOf rdf:resource="…/Ontology1444106798625.owl#炼焦过程"/>
</owl:Class>
<owl:Class rdf:about="…/Ontology1444106798625.owl#推焦车">
  <rdfs:subClassOf rdf:resource="…/Ontology1444106798625.owl#机械设备"/>
</owl:Class>
<owl:Class rdf:about="…/Ontology1444106798625.owl#焦炉加热燃烧过程">
  <rdfs:subClassOf rdf:resource="…/Ontology1444106798625.owl#炼焦过程"/>
</owl:Class>
<owl:Class rdf:about="…/Ontology1444106798625.owl#焦炉煤气集气过程">
  <rdfs:subClassOf rdf:resource="…/Ontology1444106798625.owl#炼焦过
   程"/>
```

```
</owl:Class>
<owl:Class rdf:about="…/Ontology1444106798625.owl#配煤过程">
  <rdfs:subClassOf rdf:resource="…/Ontology1444106798625.owl#炼焦过程"/>
</owl:Class>
```

(2)炼焦过程本体属性描述。

```
<owl:DatatypeProperty rdf:about="http://www.semanticweb.org/ontologies/
  2015/9/Ontology144410679- 8625.owl#火道温度">
  <rdfs:domain rdf:resource="…/Ontology1444106798625.owl#火道"/>
</owl:DatatypeProperty>
<owl:DatatypeProperty rdf:about="…/Ontology1444106798625.owl#烟道吸力">
  <rdfs:domain rdf:resource="…/Ontology1444106798625.owl#烟道"/>
</owl:DatatypeProperty>
<owl:DatatypeProperty rdf:about="…/Ontology1444106798625.owl#煤气压力">
  <rdfs:domain rdf:resource="…/Ontology1444106798625.owl#煤气"/>
</owl:DatatypeProperty>
<owl:DatatypeProperty rdf:about="…/Ontology1444106798625.owl#集气管
  压力">
  <rdfs:domain rdf:resource="…/Ontology1444106798625.owl#集气管"/>
</owl:DatatypeProperty>
```

4.4　炼焦过程本体映射问题研究

4.4.1　炼焦过程的本体映射

在炼焦过程中,通过本体映射方法寻找两个炼焦过程本体之间实体的对应关系,以实现炼焦过程异构本体之间的互相操作和信息共享,是实现炼焦过程信息语义化管理的一个关键问题。

炼焦过程本体映射的任务可简单描述为:两个炼焦过程本体 A 和 B,对于炼焦过程本体 A 中的每个概念或节点,试图在炼焦过程本体 B 中为它找到一个语义相同或相近的对应概念,对于炼焦过程本体 B 中的每个概念或节点也是如此[161,162]。炼焦过程本体映射不需要统一炼焦过程本体和炼焦过程数据的表达,而是要根据炼焦过程概念级的语义关系实现实例之间的转换。

在炼焦过程中,炼焦过程本体映射过程分为映射的发现、表达和执行。"发现"即用手工、半自动化或自动化的方法找出来自两个不同炼焦过程本体的相关的、相似的概念、属性及它们之间的关系;"表达"即用一种语言表达前面发现的映射关系;"执行"即根据映射关系完成炼焦过程实例从炼焦过程源本体到目标本体的转换。

1．炼焦过程的本体映射模型

利用本体映射发现的一般方法，结合炼焦过程，构建了炼焦过程本体映射模型。该模型的核心是：对于两个异构的炼焦过程本体，建立源本体到目标本体的映射关系。炼焦过程本体映射过程是一个迭代的过程，如图 4.3 所示。

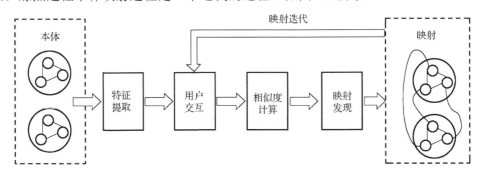

图 4.3　炼焦过程本体映射模型

炼焦过程本体映射模型包含五个过程：特征提取、用户交互、相似度计算、映射发现、映射迭代[162,163]。

2．炼焦过程的本体映射方法

在炼焦过程中，需要使用本体映射来实现领域知识与炼焦过程实例之间的映射关系，采用对等本体之间的语义过程实现两者之间的语义映射，具体过程如图 4.4 所示。

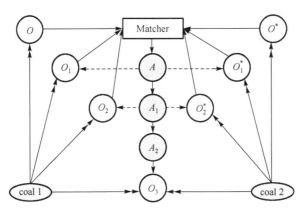

图 4.4　本体映射方法

该本体映射方法主要是通过循环实现的，图中 coal 1 和 coal 2 不断地通过本体映射 O_i 和 O_j 更新本体之间的关系，通过不断地匹配本体而引发本体间的自身修正。实际中，炼焦过程产生的参数如温度、压力等可以通过多次的映射对本体进行自身修正。

3. 炼焦过程本体相似度计算方法

炼焦过程本体映射函数的形式化定义如下[161,162]。

(1) $\text{map}: O_1 \rightarrow O_2$。

(2) 如果 $\text{sim}(e_{i_1}, e_{i_2}) > \text{th}$，则 $\text{map}(e_{i_1}) = e_{i_2}$，其中，th 是阈值，$e_{i_1} \in O_1$，$e_{i_2} \in O_2$。即当 e_{i_1} 和 e_{i_2} 相似度大于某一阈值 th 时，认为 e_{i_1} 和 e_{i_2} 之间存在映射关系。因此，来自不同炼焦过程本体的元素间的映射关系的过程可以转化为它们之间的语义相似度的计算。

炼焦过程本体映射的关键就是要计算元素之间的相似度，因此，要对相似性进行定量化，现给出冶金炼焦过程语义相似度计算的定义[155,161,162]。

(1) $\text{sim}(x, y) \in [0,1]$：相似度的计算值为[0,1]区间中的一个实数。

(2) $\text{sim}(x, y) = 1 \rightarrow x = y$：两个元素是完全相同的。

(3) $\text{sim}(x, y) = 0$：两个元素没有任何共同特征。

为了对冶金炼焦过程的不同本体中不同概念之间相关关系链中的长度进行衡量，设定概念与概念之间的有向边的权值为 1，通过计算两个不同概念之间的有向边的几何距离权值之间的关系，最终确定两个概念之间的相似程度，计算公式如下[161,162]：

$$\text{sim}(w_1, w_2) = \frac{2(\text{Length} - 1) - \text{Dis}(w_1, w_2)}{2(\text{Length} - 1)}$$

式中，Length 表示概念树的最大深度；$\text{Dis}(w_1, w_2)$ 表示概念 w_1 与概念 w_2 之间有向边的最短路径的数量。为了便于计算，通常将概念之间的有向边权值都设置为 1。本体概念的顶级概念设定其层次为 1。

基于语义距离的概念语义相似度计算方法，除了通过概念间的距离反映炼焦过程本体概念之间的相似度，同时，两种影响因子对基于语义距离的语义相似度计算也存在影响：一个是炼焦过程本体概念节点在本体中所处的概念层次；另一个是父子概念节点间的语义关系，如父亲节点具备子节点的一切特征，而子节点不一定具备父亲节点的一些概念特征。因此，鉴于这两个影响因素，结合文献[155]提出的改进的基于语义距离的语义相似度计算方法，本书提出了炼焦过程本体相似度计算方法：

$$\text{sim}(w_i, w_j) = \sqrt{\frac{2(\text{Length} - 1) - \text{Dis}(w_i, w_j)}{2(\text{Length} - 1)} \alpha \beta}$$

式中，α 表示语义概念层次的影响因子：

$$\alpha = 1 - \frac{\left| \text{Dep}(w_i) - \text{Dep}(w_j) \right|}{\text{Dep}(w_i) + \text{Dep}(w_j)}$$

β 表示较高层次级与较低层次级概念之间的相似度影响因子:

$$\beta = \frac{1 + \dfrac{\left| \text{Dep}(w_i) - \text{Dep}(W_j) \right|}{\text{Length}}}{2}$$

4.4.2 炼焦过程本体映射评估

在炼焦过程领域中,本体映射的目的是发现正确的关联关系,但在实际的映射过程中,一些映射实例可能存在错误,正确的关系很难发现,因此采用查准率 P 和查全率 R 来比较标准映射集与算法识别的映射集之间的关系,标准映射集通过人工建立。

设 X 为算法识别的映射集合,且 $|X| = m$,Y 为标准映射集合,且 $|Y| = n$,设 X_i 为 X 中第 i 个匹配块,Y_j 为 Y 中第 j 个匹配块,$|X_i|$ 表示 X_i 中的实体数,$|Y_j|$ 表示 Y_j 中的实体数,$X_i \cap Y_j$ 表示既属于 X_i 也属于 Y_j 的实体数,定义查准率 P 和查全率 R 如下:

$$P(X_i, Y_j) = \frac{\left| X_i \cap Y_j \right|}{\left| X_i \right|}$$

$$R(X_i, Y_j) = \frac{\left| X_i \cap Y_j \right|}{\left| Y_j \right|}$$

结合查准率 P 和查全率 R,采用函数 F 调节两个值之间的平衡关系:

$$F = \frac{2PR}{P + R}$$

4.4.3 炼焦过程本体映射的实验验证

炼焦过程是一个复杂的过程,在辅助策略应用中,采用设定阈值和权值的方法对映射结果进行调整。本书在实验分析过程中,选择如下几种方法对其进行分析:①阈值,过滤映射结果,去除不规则信息;②权值,针对不同的匹配策略有偏重性地得到最终相似度结果;③策略选择,把上述匹配规则得到的结果通过推理机得到新的知识,更新匹配值 0.4,实验中主要采用了本体推理机 pellet 和 HermiT 进行测试。

1. 阈值

选取表 4.31 中 DS3~DS4 数据集进行实验,通过不断调整,得到表 4.32 所示的平滑因子及阈值。

表 4.31　不同特征本体数据集

数据集	本体集合	特征信息
DS1	$\{O_{11}, O_{12}, O_{13}, O_{14}\}$	炼焦领域词汇和结构信息相似
DS2	$\{O_{21}, O_{22}, O_{23}\}$	炼焦领域词汇信息改变而结构信息相似
DS3	$\{O_{24}, O_{25}, O_{26}\}$	炼焦领域词汇相似结构信息不同，部分无实例信息
DS4	$\{O_{27}, O_{28}, O_{29}\}$	炼焦领域词汇和结构信息都有所变化，部分无实例信息
DS5	$\{O_{31}, O_{32}, O_{32}, O_{33}\}$	炼焦领域真实的本体信息

表 4.32　不同参数平滑因子及阈值

参数	用途	值	备注
α	平滑因子	0.4	0～1
β	平滑因子	0.4	0～1
γ	平滑因子	0.4	0～1
ω	基于概念策略阈值(初始)	0.6	0～1
σ	基于结构策略阈值(初始)	0.6	0～1
ς	基于实例策略阈值(初始)	0.6	0～1
Th_1	是否选择 pellet 阈值	0.5	0～1
Th_2	是否选择 HermiT 阈值	0.5	0～1
a	分烟道吸力	[0,500]	单位：Pa
b	分烟道含氧量	[0,10]	单位：%
c	分烟道温度	[0,500]	单位：℃
d	集气管压力	[0,400]	单位：Pa
e	集气管温度	[0,150]	单位：℃
f	鼓风机吸力	[0,6000]	单位：Pa
g	煤气碟阀后吸力	[0,10]	单位：kPa
h	煤气预热后温度	[0,100]	单位：℃
i	煤气预热前温度	[0,50]	单位：℃
j	煤气主管压力	[0,10]	单位：kPa
k	煤气主管温度	[0,100]	单位：℃
l	机侧高煤流量	[0,40000]	单位：m^3/h
m	焦侧高煤流量	[0,50000]	单位：m^3/h
n	蓄热室吸力	[0,160]	单位：Pa
o	混合煤气压力	[0,8]	单位：kPa

实验采用数据集 DS2 作为参考本体，把概念策略阈值应用到炼焦过程相关映射集合中，计算不同阈值 Th_1 下的 P、R、F 值，这组实验主要基于概念策略，通过使用 pellet 推理机计算概念之间的相似度，实验得到的结果如图 4.5 所示。

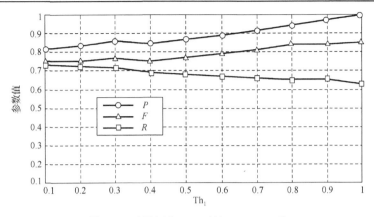

图 4.5　不同阈值 Th_1 下的 P、R、F 值

实验基于上述得到的 P、R、F 值，通过对××钢铁公司某一天直行温度测量，对照得到使用阈值参数调整和未使用参数调整之间的直行温度曲线图，如图 4.6 所示。

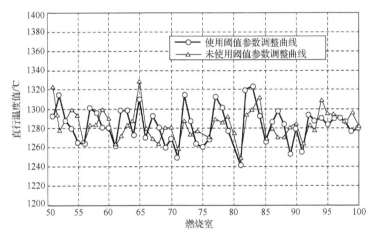

图 4.6　使用阈值参数调整和未使用阈值参数调整直行温度对照曲线

通过实验可知，当设定阈值 $Th_1=0.3$ 时，查准率 P 将下降 10%，查全率 R 将下降 16.3%。为了更好地评估阈值对映射关系的影响，对数据集 DS2 进行了大量的实验，来比较手动和自动两种阈值设定方式，结果如表 4.33 所示。实验表明，通过设定阈值得到的 P、R、F 值明显优于通过手动设定阈值得到的。

表 4.33　手动设定阈值与自动参数下 P、R、F 值比较

数据集	本体	自动参数（平均值）			手动参数（平均值）		
		P	F	R	P	F	R
DS2-1	$\{O_{21}\}$	0.94	0.89	0.82	0.87	0.85	0.79
DS2-2	$\{O_{22}\}$	0.89	0.77	0.68	0.82	0.76	0.71

数据集	本体	自动参数（平均值）			手动参数（平均值）		
		P	F	R	P	F	R
DS2-3	$\{O_{23}\}$	0.76	0.65	0.54	0.66	0.54	0.48
DS2-4	$\{O_{21},O_{22}\}$	0.74	0.63	0.55	0.65	0.56	0.52
DS2-5	$\{O_{21},O_{23}\}$	0.78	0.68	0.63	0.62	0.59	0.53
DS2-6	$\{O_{22},O_{23}\}$	0.67	0.64	0.62	0.61	0.57	0.54
DS2-7	$\{O_{21},O_{22},O_{23}\}$	0.58	0.54	0.47	0.51	0.48	0.44

2. 权值

在对炼焦过程本体概念、属性、关系进行相似度计算时，需要设置概念、属性、关系三者之间的权值，实验设定三者之间的权值为 0.3，数据集 DS1～DS5 在不同情况下得到的数据表如表 4.34 所示。

表 4.34　不同情况下数据集映射情况

数据集	本体	正确映射对个数	不在标准映射集合中被发现的映射对个数	在标准映射集合中但没被发现的映射对个数
DS1	$\{O_{11},O_{12},O_{13},O_{14}\}$	734	389	107
DS2	$\{O_{21},O_{22},O_{23}\}$	567	287	87
DS3	$\{O_{24},O_{25},O_{26}\}$	458	311	68
DS4	$\{O_{27},O_{28},O_{29}\}$	423	245	56
DS5	$\{O_{31},O_{32},O_{32},O_{33}\}$	387	194	77

3. 策略选择

实验分别对本体推理机 pellet 和 HermiT 的不同策略选择进行了评估，观察不同参数的值在高于阈值时所选择的策略是否能改进映射效果，得到的结果如表 4.35 所示。

表 4.35　不同本体推理机下策略执行结果

数据集	本体	HermiT			pellet		
		P	F	R	P	F	R
DS1	$\{O_{11},O_{12},O_{13},O_{14}\}$	0.94	0.89	0.85	0.93	0.90	0.84
DS2	$\{O_{21},O_{22},O_{23}\}$	0.86	0.72	0.69	0.87	0.79	0.67
DS3	$\{O_{24},O_{25},O_{26}\}$	0.83	0.62	0.57	0.69	0.51	0.42
DS4	$\{O_{27},O_{28},O_{29}\}$	0.77	0.69	0.65	0.68	0.59	0.56
DS5	$\{O_{31},O_{32},O_{32},O_{33}\}$	0.75	0.63	0.62	0.64	0.56	0.52

通过上述实验可知，当数据集为 DS1、DS2 时，使用 HermiT 推理机得到的结果略低于使用 pellet 推理机得到的结果；当数据集为 DS3、DS4、DS5 时，使用 HermiT 推理机得到的结果优于使用 pellet 推理机得到的结果。但从整体上看，使用推理机策略能得到较好的查准率。

第5章　基于本体的炼焦过程语义推理与检索服务研究

5.1　基于本体的炼焦过程语义推理

5.1.1　基于本体的炼焦过程语义推理模型

基于炼焦过程本体的知识推理主要由数据层、语义层和表示层组成。其中，数据层包括炼焦过程本体知识库、炼焦过程规则库和炼焦过程语义表达式库。在语义层，借助推理机，依据一定的推理规则，对数据层进行语义分析，并提供基础数据服务和业务逻辑服务，最终在表示层通过人机交互查询界面的方式来实现应用。整个过程如图 5.1 所示。其中，炼焦过程本体知识库和推理机是基于炼焦过程本体的知识推理的核心部分。炼焦过程本体主要用于描述和表示炼焦过程中涉及的炼焦过程相关的概念，以及这些概念之间的关系，以此作为基于炼焦过程本体的知识推理的基础，并将炼焦数据库与炼焦过程领域本体库进行融合，借助炼焦过程的推理规则,结合推理机从已知的知识中挖掘出隐含在炼焦过程领域本体中的有效语义信息。

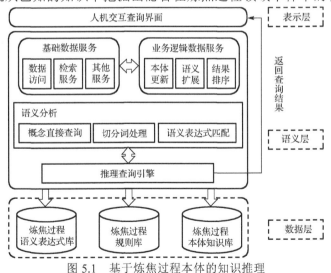

图 5.1　基于炼焦过程本体的知识推理

5.1.2　基于本体的炼焦过程语义推理规则

推理规则在基于炼焦过程本体的知识推理中具有重要意义，推理规则不仅能获取到更多的语义信息资源，而且能够节约信息资源的存储空间。前面章节使用 OWL 语言作为炼焦过程本体构建语言，而 SWRL（semantic web rule language）可以和 OWL 很好地结合使用，因此使用 SWRL 的 Horn-like 规则，其规则形式如下：

$$B_1 \wedge B_2 \wedge \cdots \wedge B_n \rightarrow H_1 \wedge H_2 \wedge \cdots \wedge H_n$$

其中，B 和 H 为规则原子，具体规则如下所示。

R1：IF 煤气流量<=煤气流量最小阈值 AND 推焦时间>推焦开始时间 AND 火道温度平均值<=火道温度最小阈值 THEN 焦炉加热燃烧过程异常。

R2：IF 煤气流量>=煤气流量最大阈值 AND 推焦时间<推焦开始时间 AND 火道温度平均值>=火道温度最大阈值 THEN 焦炉加热燃烧过程异常。

R3：IF 推焦电流>=推焦电流最大阈值（200安培）AND $n>=n_0$ AND 焦炉= $\{N_0, N_1, \cdots, N_i\}$ THEN 推焦作业过程异常。

R4：IF 产气量<=产气量最小阈值 AND 集气管温度<设定温度 AND 集气管压力<=集气管压力最小阈值 THEN 焦炉集气过程异常。

R5: IF 产气量>=产气量最大阈值 AND 集气管温度>设定温度 AND 集气管压力>=集气管压力最大阈值 THEN 焦炉集气过程异常。

利用 Jena 提供的推理接口，借助 GenericRuleReasoner 建立相应的推理规则，利用推理规则进行推理。

基于某钢铁公司炼焦操作规程构建规则如下。

（1）筛焦分级规则。

抽取的筛焦分级规则如下。

$R_{分级1}$：IF 筛焦筛=单层筛 AND 焦炭>75mm THEN 焦炭存入 1#焦仓（大块级）。

$R_{分级2}$：IF 筛焦筛=双层筛 AND 25mm<焦炭<75mm THEN 焦炭存入 4#～7#焦仓（块级）。

$R_{分级3}$：IF 筛焦筛=双层筛 AND 10mm<焦炭<25mm THEN 焦炭存入 3#焦仓（小焦）。

$R_{分级4}$：IF 筛焦筛=双层筛 AND 焦炭<10mm THEN 焦炭存入 2#焦仓（焦末）。

（2）焦炭质量评价规则。

抽取的焦炭质量评价规则如下。

$R_{评质1}$：IF 硫分>1.6% AND 硫分增加 0.1% AND 焦炭用量增加 1.8% AND 石灰石加入量增加 3.7% AND 矿石加入量增加 0.3% THEN 高炉产量降低 1.5%～2.0%。

$R_{评质2}$：IF 焦炭=冶金焦炭 THEN 焦炭含磷量<0.02%。

$R_{评质3}$：IF 焦炭灰分增加 1% THEN 焦炭用量增加 2%～2.5%。

$R_{评质4}$：IF 挥发分>1.5% THEN 焦炭是生焦。

$R_{评质5}$：IF 挥发分<0.7% THEN 焦炭是过火焦。

$R_{评质6}$：IF 0.7%<挥发分<1.5%　THEN　焦炭是合格冶金焦。

(3)推焦车岗位操作规程对应规则。

从推焦车岗位操作规程抽取的对应规则如下。

$R_{推焦1}$：IF　炉体损坏　AND　生焦和过火　THEN　汇报。

$R_{推焦2}$：IF　推焦时间>计划推焦时间–5min AND　推焦时间<计划推焦时间+5min THEN　推焦是合格。

$R_{推焦3}$：IF　推焦杆停止　THEN　按强制后退按钮。

$R_{推焦4}$：IF　平煤杆停止　THEN　按强制后退按钮。

$R_{推焦5}$：IF　推焦、平煤时中途停电　AND　有备用电源　THEN　接通　AND　将其退回极限位置。

$R_{推焦6}$：IF　推焦、平煤时中途停电　AND　无备用电源　THEN　采用手摇装置或手动葫芦退出推焦杆、平煤杆　AND　关好炉门。

$R_{推焦7}$：IF 液压装置出现故障　AND　油泵不能运转　THEN　通过手摇泵和电磁阀进行操作。

$R_{推焦8}$：IF 液压装置出现故障　AND　油泵和手摇泵都出现故障　THEN　用手动葫芦将设备拉回原位。

$R_{推焦9}$：IF 驱动系统发生故障　OR　平煤杆钢丝绳断裂　THEN　采用手动葫芦拉回推焦杆或平煤杆。

$R_{推焦10}$：IF　走行联锁条件不成立　THEN　把各装置都退回原始位置　AND　通知当班班长。

$R_{推焦11}$：IF　走行电机出现故障　OR　驱动系统出现故障　THEN　松开走行主令控制器和制动器　AND　用手动葫芦把推焦车拉到安全位置进行修理。

$R_{推焦12}$：IF　活动=推焦作业　AND　环境因素=天线对讲机　AND　环境因素=天线电波　AND　环境影响=辐射　AND　评价结果=正常　THEN　控制措施=尽量避免长时间接触电话、对讲机。

$R_{推焦13}$：IF　活动=推焦作业　AND　环境因素=粉尘　AND　环境影响=大气　AND 环境影响=废物　AND　评价结果=正常　THEN　控制措施=佩戴好防尘口罩、眼罩。

(4)拦焦车岗位操作规程对应规则。

从拦焦车岗位操作规程抽取的对应规则如下。

$R_{拦焦1}$：IF　拦焦车在运转中发生事故　AND　在推焦前后停电　THEN　可用备用电源或液压装置的手动泵和电磁阀的手动操作　AND　及时把焦推完　AND　各装置退回安全位置。

$R_{拦焦2}$：IF　液压装置不能运转　THEN　可用辅助手动泵和电磁阀手动操作。

$R_{拦焦3}$：IF 液压装置不能运转 AND 手动泵或油缸也出故障 THEN 卸下油管 AND 用手动葫芦拖动机构退回原位。

$R_{拦焦4}$：IF 走行电机、减速机、联轴器出故障 THEN 将制动器打开 AND 用备用拦焦车拖动或用手动葫芦牵引。

$R_{拦焦5}$：IF 联锁条件不成立 THEN 经当班班长到场确认后解除联锁 AND 退回安全位置检修。

$R_{拦焦6}$：IF 推焦途中停电 THEN 切断总电源 AND 将控制器拉回零位 AND 利用手动装置将导焦槽退回 AND 用手摇装置或组织人力使拦焦车离开出炉处 AND 尽快扒除导焦槽内及炉门框、钢柱附近的焦炭 AND 移回拦焦车装上炉门。

$R_{拦焦7}$：IF 夹框 OR 导焦槽对不正 THEN 通知停止推焦 AND 抽回导焦槽 AND 将拦焦车开到炉间台 AND 清除炉框附近的焦炭。

$R_{拦焦8}$：IF 活动=拦焦作业 AND 环境因素=天线对讲机 AND 环境因素=天线电波 AND 环境影响=辐射 AND 评价结果=正常 THEN 控制措施=尽量避免长时间接触电话、对讲机。

$R_{拦焦9}$：IF 活动=拦焦作业 AND 环境因素=粉尘 AND 环境影响=大气 AND 环境影响=废物 AND 评价结果=正常 THEN 控制措施=佩戴好防尘口罩、眼罩。

$R_{拦焦10}$：IF 活动=拦焦作业 AND 环境因素=噪声 AND 环境影响=噪声 AND 评价结果=正常 THEN 控制措施=避免长期工作在高分贝噪声环境 AND 合理安排作息。

(5)装煤车岗位操作规程对应规则。

从装煤车岗位操作规程抽取的对应规则如下。

$R_{装煤1}$：IF 实际装煤量–规定装煤量>–1% AND 实际装煤量–规定装煤量<1% THEN 装煤合格。

$R_{装煤2}$：IF 补充装煤时间<30分钟 THEN 装煤合格。

$R_{装煤3}$：IF 每班装煤系数≥0.8 THEN 装煤合格。

$R_{装煤4}$：IF 全面停电 THEN 拉下全部控制开关 AND 将各自动器开关放回原位 AND 打开上升管盖 AND 关闭闸板 AND 提起套筒 AND 松开走行闸 AND 人工推车到间台。

$R_{装煤5}$：IF 导套提起动作失灵 AND 空压机的故障 THEN 可用储气罐的压力 AND 人工操作换向阀将导套提起。

$R_{装煤6}$：IF 导套提起动作失灵 AND 导套因变形而卡住 THEN 在操作台解除程控 AND 手动操作。

$R_{装煤7}$：IF 导套提起动作失灵 AND 电磁阀失灵 THEN 将气缸杠杆架连接的圆肩卸掉 AND 配重提起。

$R_{装煤8}$：IF 走行电动机故障 AND 走行失灵 THEN 机械牵引。

$R_{装煤9}$：IF 减速机故障 AND 走行失灵 THEN 机械牵引。

$R_{装煤10}$：IF 活动=装煤作业 AND 环境因素=天线对讲机 AND 环境因素=天线电波 AND 环境影响=辐射 AND 评价结果=正常 THEN 控制措施=尽量避免长时间接触电话、对讲机。

$R_{装煤11}$：IF 活动=装煤作业 AND 环境因素=粉尘 AND 环境影响=大气 AND 环境影响=废物 AND 评价结果=正常 THEN 控制措施=佩戴好防尘口罩、眼罩。

$R_{装煤12}$：IF 活动=装煤作业 AND 环境因素=噪声 AND 环境影响=噪声 AND 评价结果=正常 THEN 控制措施=避免长期工作在高分贝噪声环境 AND 合理安排作息。

$R_{装煤13}$：IF 活动=装煤作业 AND 坏境因素=荒煤气 AND 环境影响=大气 AND 环境影响=资源 AND 评价结果=正常 THEN 控制措施=加强消烟除尘设备的运转效果 AND 佩戴好个人防护用品。

(6)熄焦车岗位操作规程对应规则。

从熄焦车岗位操作规程抽取的对应规则如下。

$R_{熄焦1}$：IF 突然停电 OR 拦焦发生意外 THEN 切断推焦联锁 AND 通知推焦车司机 AND 制止继续推焦 AND 通知相关班组处理。

$R_{熄焦2}$：IF 处理不好 AND 在晾焦台范围内 THEN 将红焦卸入晾焦台 AND 用水浇熄。

$R_{熄焦3}$：IF 处理不好 AND 离晾焦台较远 THEN 通知调度 AND 及时接通消防水进行熄灭红焦。

$R_{熄焦4}$：IF 接焦时车门开 THEN 立即切断推焦联锁 AND 用通讯对讲机通知推焦车司机 AND 制止继续推焦 AND 启动空压机 AND 用气压压住车门 AND 将红焦卸入晾焦台 AND 打开水龙头熄焦。

$R_{熄焦5}$：IF 推焦末期车门开 THEN 迅速启动空压机 AND 用气压压住车门 AND 待推完焦后将红焦卸入晾焦台 AND 打开水龙头熄灭红焦。

$R_{熄焦6}$：IF 消火泵出故障 THEN 换用备用泵。

$R_{熄焦7}$：IF 遇到停电 OR 备用泵不转 THEN 通知调度 AND 及时接通消防水进行熄灭红焦。

$R_{熄焦8}$：IF 接焦时突然停电 OR 拦焦发生意外 THEN 切断推焦联锁信号 AND 发出紧急事故信号通知推焦车司机 AND 制止继续推焦 AND 通知相关班组处理。

$R_{熄焦9}$：IF 接焦时突然停电 OR 拦焦发生意外 THEN 切断推焦联锁信号 AND 用通讯对讲机通知推焦车司机 AND 制止继续推焦 AND 通知相关班组处理。

$R_{熄焦10}$：IF 提升机动作出现险情 THEN 按下提升机非常停止按钮 AND 切断提升机动作信号。

$R_{熄焦11}$：IF 电机车出现故障 AND 需要停车离线检修 THEN 推到检修段检修。

$R_{熄焦12}$：IF 干熄焦系统出故障 THEN 换用熄焦车进行湿熄焦操作。

$R_{熄焦13}$：IF 活动=熄焦作业 AND 环境因素=天线对讲机 AND 环境因素=天线电波 AND 环境影响=辐射 AND 评价结果=正常 THEN 控制措施=尽量避免长时间接触电话、对讲机。

$R_{熄焦14}$：IF 活动=熄焦作业 AND 环境因素=粉尘 AND 环境影响=大气 AND 环境影响=废物 AND 评价结果=正常 THEN 控制措施=佩戴好防尘口罩、眼罩。

$R_{熄焦15}$：IF 活动=熄焦作业 AND 环境因素=噪声 AND 环境影响=噪声 AND 评价结果=正常 THEN 控制措施=避免长期工作在高分贝噪声环境 AND 合理安排作息。

$R_{熄焦16}$：IF 活动=熄焦作业 AND 环境因素=水蒸气 AND 环境影响=大气 AND 环境影响=资源 AND 评价结果=正常 THEN 控制措施=严格按照操作规程执行 AND 佩戴好个人防护用品。

$R_{熄焦17}$：IF 活动=熄焦作业 AND 环境因素=熄焦水 AND 环境影响=废物 AND 评价结果=正常 THEN 控制措施=穿戴好个人劳动防护用品。

(7) 集气管工岗位操作规程对应规则。

从集气管工岗位操作规程抽取的对应规则如下。

$R_{集气1}$：IF 结焦末期炭化室底部集气管压力≥5Pa AND 80℃≤集气管煤气温度≤100℃ THEN 满足操作技术要求。

$R_{集气2}$：IF 桥管处所喷洒低压氨水清洁 AND 无焦油及固体物质 AND 炉顶氨水支管压力≥0.18MPa AND 温度=78℃ THEN 满足操作技术要求。

$R_{集气3}$：IF 鼓风机停转 THEN 打开放散管 AND 启动自动点火装置 AND 将荒煤气点燃 AND 集气管压力比正常情况下高 20～30Pa AND 停止集气管压力调节机的运转 AND 翻板固定在全开位置。

$R_{集气4}$：IF 停氨水 THEN 关闭氨水开闭器 AND 通知调度和鼓风机房 AND 停止出炉。

$R_{集气5}$：IF 停氨水 THEN 关闭氨水开闭器 AND 通知调度和鼓风机房 AND 集气管温度>200℃ AND 得到允许 AND 打开工业水开闭器喷洒工业水 AND 停止出炉。

$R_{集气6}$：IF 集气管着火 THEN 保持集气管正压 AND 利用灭火器材(黄沙、湿麻布、灭火机)扑灭火焰。

$R_{集气7}$：IF 活动=集气管作业 AND 环境因素=粉尘 AND 环境影响=大气 AND 环境影响=废物 AND 评价结果=正常 THEN 控制措施=佩戴好防尘口罩、眼罩。

$R_{集气8}$：IF 活动=集气管作业 AND 环境因素=噪声 AND 环境影响=噪声 AND 评

价结果=正常 THEN 控制措施=避免长期工作在高分贝噪声环境 AND 合理安排作息。

$R_{集气9}$：IF 活动=集气管作业 AND 环境因素=荒煤气 AND 环境影响=大气 AND 环境影响=资源 AND 评价结果=正常 THEN 控制措施=严格按照操作规程作业 AND 佩戴好个人防护用品。

$R_{集气10}$：IF 活动=集气管作业 AND 环境因素=焦油 AND 环境影响=资源 AND 评价结果=正常 THEN 控制措施=严格按照操作规程作业 AND 佩戴好个人防护用品。

$R_{集气11}$：IF 活动=集气管作业 AND 环境因素=氨水 AND 环境影响=水体 AND 评价结果=正常 THEN 控制措施=严格按照操作规程作业 AND 佩戴好个人防护用品。

$R_{集气12}$：IF 活动=集气管作业 AND 环境因素=高温 AND 环境影响=大气 AND 评价结果=正常 THEN 控制措施=严格按照操作规程作业 AND 佩戴好个人防护用品。

（8）出炉工岗位操作规程对应规则。

从出炉工岗位操作规程抽取的对应规则如下。

$R_{出炉1}$：IF 炉门冒烟冒火 THEN 操作不符合技术要求。

$R_{出炉2}$：IF 推焦发生事故 THEN 配合推焦车司机用手摇装置摇出推焦杆 AND 协助拦焦车司机移开导焦槽 AND 将拦焦车推到炉端或炉间台 AND 及时扒除红焦 AND 用手摇装置对上炉门。

$R_{出炉3}$：IF 推焦发生停电 THEN 配合推焦车司机用手摇装置摇出推焦杆 AND 协助拦焦车司机移开导焦槽 AND 将拦焦车推到炉端或炉间台 AND 及时扒除红焦 AND 用手摇装置对上炉门。

$R_{出炉4}$：IF 平煤发生事故 THEN 配合推焦车司机用手摇装置摇出平煤杆 AND 协助拦焦车司机移开导焦槽 AND 将拦焦车推到炉端或炉间台 AND 及时扒除红焦 AND 用手摇装置对上炉门。

$R_{出炉5}$：IF 平煤发生停电 THEN 配合推焦车司机用手摇装置摇出平煤杆 AND 协助拦焦车司机移开导焦槽 AND 将拦焦车推到炉端或炉间台 AND 及时扒除红焦 AND 用手摇装置对上炉门。

$R_{出炉6}$：IF 焦炭难推 THEN 在班长指挥下扒焦。

$R_{出炉7}$：IF 推焦夹框 THEN 待拦焦车离开 AND 将夹框部位焦炭扒除 AND 重新对上导焦槽推焦。

$R_{出炉8}$：IF 活动=出炉工作业 AND 环境因素=粉尘 AND 环境影响=大气 AND 环境影响=废物 AND 评价结果=正常 THEN 控制措施=佩戴好防尘口罩、眼罩。

$R_{出炉9}$：IF 活动=出炉工作业 AND 环境因素=噪声 AND 环境影响=噪声 AND 评价结果=正常 THEN 控制措施=避免长期工作在高分贝噪声环境 AND 合理安排作息。

$R_{出炉10}$：IF 活动=出炉工作业 AND 环境因素=高温 AND 环境影响=大气 AND 评价结果=正常 THEN 控制措施=严格按照操作规程作业 AND 穿戴好个人防护用品。

$R_{出炉11}$：IF 活动=出炉工作业 AND 环境因素=荒煤气 AND 环境影响=大气 AND 环境影响=资源 AND 评价结果=正常 THEN 控制措施=严格按照操作规程作业 AND 穿戴好个人防护用品。

(9)炉顶工岗位操作规程对应规则。

从炉顶工岗位操作规程抽取的对应规则如下。

$R_{炉顶1}$：IF 炉顶无焦粉 AND 炉顶无烟火 AND 炉顶无杂物 AND 导烟孔畅通 THEN 操作符合技术要求。

$R_{炉顶2}$：IF 装煤突然停电 THEN 待煤放完后盖上炉盖 AND 协助装煤车司机进行事故处理。

$R_{炉顶3}$：IF 活动=炉顶工作业 AND 环境因素=粉尘 AND 环境影响=大气 AND 环境影响=废物 AND 评价结果=正常 THEN 控制措施=佩戴好防尘口罩、眼罩。

$R_{炉顶4}$：IF 活动=炉顶工作业 AND 环境因素=噪声 AND 环境影响=噪声 AND 评价结果=正常 THEN 控制措施=避免长期工作在高分贝噪声环境 AND 合理安排作息。

$R_{炉顶5}$：IF 活动=炉顶工作业 AND 环境因素=高温 AND 环境影响=大气 AND 评价结果=正常 THEN 控制措施=严格按照操作规程作业 AND 穿戴好个人防护用品。

$R_{炉顶6}$：IF 活动=炉顶工作业 AND 环境因素=荒煤气 AND 环境影响=大气 AND 环境影响=资源 AND 评价结果=正常 THEN 控制措施=严格按照操作规程作业 AND 穿戴好个人防护用品。

(10)交换机工岗位操作规程对应规则。

从交换机工岗位操作规程抽取的对应规则如下。

$R_{交换机1}$：IF 油箱油温≤60℃ THEN 操作符合技术要求。

$R_{交换机2}$：IF 加热制度要保持稳定 THEN 操作符合技术要求。

$R_{交换机3}$：IF 发现波动或较大变化应及时查明原因 AND 通知相关人员处理 THEN 操作符合技术要求。

$R_{交换机4}$：IF 交换时间要准确无误 THEN 操作符合技术要求。

$R_{交换机5}$：IF 煤气总管压力<500Pa THEN 停止加热。

$R_{交换机6}$：IF 交换系统设备损坏 AND 不能在两个交换时间内修复而影响正常加热 THEN 停止加热。

$R_{交换机7}$：IF 烟道翻板折断 THEN 停止加热。

$R_{交换机8}$：IF 煤气管道损坏 AND 影响安全生产 THEN 停止加热。

$R_{交换机9}$：IF 活动=交换机作业 AND 环境因素=电脑 AND 环境影响=辐射 AND 评价结果=正常 THEN 控制措施=避免长时间面对电脑。

$R_{交换机10}$：IF 活动=交换机作业 AND 环境因素=电话、对讲机 AND 环境影响=辐射 AND 评价结果=正常 THEN 控制措施=避免长时间接触电话、对讲机。

$R_{交换机11}$：IF 活动=交换机作业 AND 环境因素=煤气 AND 环境影响=大气 AND 评价结果=正常 THEN 控制措施=穿戴好个人防护用品。

(11)焦炉测温岗位操作规程对应规则。

从焦炉测温岗位操作规程抽取的对应规则如下。

$R_{测温1}$：IF 测温时间准确 AND 测温速度均匀 AND 测点正确 THEN 操作符合技术要求。

$R_{测温2}$：IF 每班定时、定量的观察焦饼成熟情况 AND 观察垮焦、堵口、缺角及炉墙石墨情况 AND 做好记录 THEN 操作符合技术要求。

$R_{测温3}$：IF 计划编排合理 AND 计划编排准确 THEN 操作符合技术要求。

$R_{测温4}$：IF 停电 THEN 在班长的指挥下进行事故处理。

$R_{测温5}$：IF 停煤气 THEN 配合班长和交换机工关闭全炉加减旋塞 AND 减小风门和吸力。

$R_{测温6}$：IF 停煤气 AND 送煤气 THEN 恢复正常加热 AND 观察火焰燃烧情况。

$R_{测温7}$：IF 停止推焦致使结焦时间延长 AND 炉温过高 AND 班长又不在场 THEN 通知交换机工及时减少煤气量 AND 关小高温号的加减旋塞 AND 必要时可停止加热。

$R_{测温8}$：IF 高电流难推焦 THEN 测量该炭化室两侧炉墙的横墙温度。

$R_{测温9}$：IF 气候影响测温 THEN 用肉眼检查炉温 AND 根据情况进行处理。

$R_{测温10}$：IF 计算机加热控制系统发生故障 THEN 转入人工控制 AND 上报。

$R_{测温11}$：IF 高温号燃烧室要立即处理 AND 煤气设备着火 THEN 立即进行处理。

$R_{测温12}$：IF 高温号燃烧室要立即处理 AND 煤气设备突然损坏 THEN 立即进行处理。

$R_{测温13}$：IF 活动=直行温度测定作业 AND 环境因素=粉尘 AND 环境影响=大气 AND 环境影响=废物 AND 评价结果=正常 THEN 控制措施=穿戴好个人劳动保护用品。

$R_{测温14}$：IF 活动=直行温度测定作业 AND 环境因素=高温 AND 环境影响=大气 AND 评价结果=正常 THEN 控制措施=穿戴好个人劳动保护用品。

(12)焦炉地面除尘站操作规程对应规则。

从焦炉地面除尘站操作规程抽取的对应规则如下。

$R_{地面除尘1}$：IF 风机运行 AND 轴承温度≤90℃ THEN 操作符合技术要求。

$R_{地面除尘2}$：IF 电机轴承温度≤90℃ THEN 操作符合技术要求。

(13)调火班岗位操作规程对应规则。

从调火班岗位操作规程抽取的对应规则如下。

$R_{调火1}$：IF −10℃≤十排横墙温度−标准线≤10℃ THEN 合格。

$R_{调火2}$：IF −7℃≤全炉横墙温度−标准线≤7℃ THEN 合格。

$R_{调火3}$：IF −50℃≤炉头温度−同侧的平均温度≤50℃ THEN 合格。

$R_{调火4}$：IF 个别炉头温度高 AND 个别炉头温度低 THEN 检查原因 AND 进行处理。

$R_{调火5}$：IF 长时间结焦 OR 长时间焖炉 THEN 加测次边火道 AND 防止炉温<950℃。

$R_{调火6}$：IF 个别蓄热室顶部温度高 AND 个别蓄热室顶部温度低 THEN 检查原因 AND 进行处理。

$R_{调火7}$：IF 个别小烟道温度高 AND 个别小烟道温度低 THEN 检查原因 AND 进行处理。

$R_{调火8}$：IF 配煤比有较大改变 AND 结焦时间改变较大 AND 季节变化 THEN 重新测定冷却温度。

$R_{调火9}$：IF 上升气流 AND −2Pa<测出蓄热室顶部吸力−标准蓄热室吸力<2Pa THEN 蓄热室顶部吸力合格。

$R_{调火10}$：IF 下降气流 AND −3Pa<测出蓄热室顶部吸力−标准蓄热室吸力<3Pa THEN 蓄热室顶部吸力合格。

$R_{调火11}$：IF 蓄热室顶部吸力不合格 THEN 分析原因 AND 根据前几次吸力测量情况及燃烧室温度等进行调节。

$R_{调火12}$：IF 蓄热室顶部阻力增大 THEN 要及时处理。

$R_{调火13}$：IF 煤气管道着火 THEN 降低煤气压力，但不应低于200Pa AND 用黄沙、湿麻袋等把火扑灭 AND 佩戴正压式空气呼吸器堵漏 AND 事故处理后恢复正常加热前，打开放散管放散，然后用蒸汽排空气，空气排空后，经煤气含氧检测合格后，恢复正常加热。

$R_{调火14}$：IF 煤气管道爆炸 THEN 降低煤气压力，但不应低于200Pa AND 用黄沙、湿麻袋等把火扑灭 AND 佩戴正压式空气呼吸器堵漏 AND 事故处理后恢复正常加热前，打开放散管放散，然后用蒸汽排空气，空气排空后，经煤气含氧检测合格后，恢复正常加热。

$R_{调火15}$：IF 活动=调火作业 AND 环境因素=粉尘 AND 环境影响=大气 AND 环境影响=废物 AND 评价结果=正常 THEN 控制措施=穿戴好个人劳动保护用品。

$R_{调火16}$：IF 活动=调火作业 AND 环境因素=高温 AND 环境影响=大气 AND 评价结果=正常 THEN 控制措施=穿戴好个人劳动保护用品。

$R_{调火17}$：IF 活动=调火作业 AND 环境因素=噪声 AND 环境影响=噪声 AND 评价结果=正常 THEN 控制措施=避免长期工作在高分贝噪声环境。

$R_{调火18}$：IF 活动=调火作业 AND 环境因素=煤气 AND 环境影响=大气 AND

评价结果=正常　THEN　控制措施=进入煤气区域必须携带 CO 报警器　AND　穿戴好个人劳动保护用品。

$R_{调火19}$：IF　活动=调火作业　AND　环境因素=地下室光线不足　AND　环境影响=其他　AND　评价结果=正常　THEN　控制措施=进入光线不足区域必须携带照明工具 AND　穿戴好个人劳动保护用品。

（14）废气分析岗位操作规程对应规则。

空气过剩系数 α 的计算如下：

$$\alpha = 1 + K(O_2 - 1/2CO)/(CO_2 + CO)$$

式中，O_2、CO、CO_2 分别为相应气体的体积百分比；K 为常数，用焦炉煤气时，$K = 0.43$；用高炉煤气时，$K = 2.5$。

于是从废气分析岗位操作规程抽取的对应规则如下。

$R_{废气分析1}$：IF　烧焦炉煤气　THEN　$1.19 \leq$ 立火道 $\alpha \leq 1.25$　AND　$1.25 \leq$ 小烟道 $\alpha \leq 1.30$。

$R_{废气分析2}$：IF　烧高炉煤气　THEN　$1.15 \leq$ 立火道 $\alpha \leq 1.19$　AND　$1.19 \leq$ 小烟道 $\alpha \leq 1.25$。

$R_{废气分析3}$：IF　活动=废气分析作业　AND　环境因素=粉尘　AND　环境影响=大气 AND　环境影响=废物　AND　评价结果=正常　THEN　控制措施=穿戴好个人劳动保护用品。

$R_{废气分析4}$：IF　活动=废气分析作业　AND　环境因素=高温　AND　环境影响=大气 AND　评价结果=正常　THEN　控制措施=穿戴好个人劳动保护用品。

$R_{废气分析5}$：IF　活动=废气分析作业　AND　环境因素=煤气　AND　环境影响=大气 AND　评价结果=正常　THEN　控制措施=进入煤气区域必须携带 CO 报警器　AND　穿戴好个人劳动保护用品。

$R_{废气分析6}$：IF　活动=废气分析作业　AND　环境因素=分析用的试剂　AND　环境影响=其他　AND　评价结果=正常　THEN　控制措施=严格按照过程操作。

（15）司炉工岗位操作规程对应规则。

从司炉工岗位操作规程抽取的对应规则如下。

$R_{司炉工1}$：IF　锅炉入口循环气体的温度变化$\leq 50℃$/小时　THEN　操作正常。

$R_{司炉工2}$：IF　锅炉的负荷变化$\leq 8.6t$/小时　THEN　操作正常。

$R_{司炉工3}$：IF　活动=司炉作业　AND　环境因素=高温　AND　环境影响=大气　AND 评价结果=正常　THEN　控制措施=穿戴好个人劳动保护用品　AND　严格遵守安全规程作业。

$R_{司炉工4}$：IF　活动=司炉作业　AND　环境因素=噪声　AND　环境影响=噪声　AND 评价结果=正常　THEN　控制措施=避免长期工作在高分贝噪声环境。

$R_{司炉工5}$：IF 活动=司炉作业 AND 环境因素=蒸汽 AND 环境影响=大气 AND 环境影响=废物 AND 评价结果=正常 THEN 控制措施=穿戴好个人劳动保护用品。

(16)中控工岗位操作规程对应规则。

从中控工岗位操作规程抽取的对应规则如下。

$R_{中控1}$：IF-50Pa≤干熄炉预存段压力≤50Pa AND 炉内料位控制在常用料位(上下料位之间) AND 排焦温度<200℃ THEN 正常操作。

$R_{中控2}$：IF 130-5℃≤干熄炉入口气体温度≤130+5℃ AND 锅炉入口气体温度<960℃ AND 450-5℃≤主蒸汽温度≤450+5℃ THEN 正常操作。

$R_{中控3}$：IF CO 含量<6% AND H_2 含量<3% AND O_2 含量<1% THEN 循环气体正常。

$R_{中控4}$：IF 0-50mm ≤锅炉汽包水位≤0+50mm AND 800-100mm≤除氧器水位≤800+100mm THEN 正常操作。

$R_{中控5}$：IF 68-5℃≤给水预热器的出口水温≤68+5℃ AND 80-5℃≤除氧器入口水温≤80+5℃ THEN 正常操作。

$R_{中控6}$：IF 除氧器压力>40kPa THEN 正常操作。

$R_{中控7}$：IF 0.5-0.1MPa≤压缩空气压力≤0.5+0.1MPa THEN 正常操作。

$R_{中控8}$：IF 锅炉入口气体压力<-1300Pa THEN 正常操作。

$R_{中控9}$：IF 除盐水箱的水位>3000mm THEN 正常操作。

$R_{中控10}$：IF 每班必须到现场确认干熄炉焦炭料位三次以上 THEN 正常操作。

$R_{中控11}$：IF 干熄炉同一冷却段四周的最大温差≤50℃ THEN 正常操作。

$R_{中控12}$：IF 3.82-0.2MPa≤主蒸汽压力≤3.82+0.2MPa THEN 正常操作。

$R_{中控13}$：IF 锅炉入口循环气体的温度变化≤50℃/小时 THEN 正常操作。

$R_{中控14}$：IF 锅炉的负荷变化≤8.6t/小时 THEN 正常操作。

$R_{中控15}$：IF 干熄炉气料比≤1600 m^3/t THEN 正常操作。

$R_{中控16}$：IF 当干熄炉预存段料位低于下限时 THEN 停止焦炭的排出 AND 对系统进行保温保压处理。

$R_{中控17}$：IF 600℃<锅炉入口气体温度<960℃ THEN 采取导入空气的方法，使系统内的可燃成分完全燃烧。

$R_{中控18}$：IF 锅炉入口气体温度<600℃ AND 不能通过导入空气的方法降低 THEN 采取充入氮气的方法，调整系统内的可燃成分含量。

$R_{中控19}$：IF 系统内可燃成分异常升高 AND 不能通过导入空气的方法降低 THEN 采取充入氮气的方法，调整系统内的可燃成分含量。

$R_{中控20}$：IF 700℃≤锅炉入口温度≤960℃ AND 调整时密切注意系统内部的压力平衡 THEN 排焦量不变 AND 增减循环风量。

$R_{中控20-1}$：IF 排焦量不变 AND 增加循环风量 THEN 排焦温度下降 AND 锅炉入口温度下降。

$R_{中控20-2}$：IF 排焦量不变 AND 减少循环风量 THEN 排焦温度上升 AND 锅炉入口温度上升。

$R_{中控21}$：IF 700℃≤锅炉入口温度≤960℃ AND 调整时密切注意系统内部的压力平衡 THEN 循环风量不变 AND 增减排焦量。

$R_{中控21-1}$：IF 循环风量不变 AND 增加排焦量 THEN 排焦温度上升 AND 锅炉入口温度上升。

$R_{中控21-2}$：IF 循环风量不变 AND 减少排焦量 THEN 排焦温度下降 AND 锅炉入口温度下降。

$R_{中控22}$：IF 700℃≤锅炉入口温度≤960℃ AND 调整时密切注意系统内部的压力平衡 THEN 增减空气的导入量。

$R_{中控22-1}$：IF 增加空气导入量 THEN 排焦温度不变 AND 锅炉入口温度上升。

$R_{中控22-2}$：IF 减少空气导入量 THEN 排焦温度不变 AND 锅炉入口温度下降。

$R_{中控23}$：IF 700℃≤锅炉入口温度≤960℃ AND 调整时密切注意系统内部的压力平衡 THEN 增减旁通流量。

$R_{中控23-1}$：IF 增加旁通风量 THEN 排焦温度上升 AND 锅炉入口温度下降。

$R_{中控23-2}$：IF 减少旁通风量 THEN 排焦温度下降 AND 锅炉入口温度上升。

$R_{中控24}$：IF 锅炉入口温度<600℃ THEN 根据实际情况向主管领导申请停止循环风机的运行。

$R_{中控25}$：IF 锅炉锅筒压力<除氧给水泵出口压力 THEN 停止锅炉给水泵，直接由除氧给水泵给锅炉补水（套水作业）。

$R_{中控26}$：IF 降温降压 AND 锅炉主蒸汽温度<420℃ THEN 应关闭减温水。

$R_{中控27}$：IF 锅炉入口循环气体温度<600℃ THEN 系统持续补充氮气。

$R_{中控28}$：降温标准规则：

$R_{中控28-1}$：IF 从 1000℃降到 450℃ THEN 降温速度为 17℃/h AND 所需时间 32 小时；

$R_{中控28-2}$：IF 从 450℃降到 200℃ THEN 降温速度为 11.5℃/h AND 所需时间 22 小时；

$R_{中控28-3}$：IF 从 200℃降到 50℃ THEN 降温速度为 4.8℃/h AND 所需时间 31 小时。

$R_{中控29}$：IF 预存段气体温度 T_5 及各部入孔附近的温度达到 50℃左右 AND 除尘器顶部取样孔抽取的循环气体合格 THEN 降温结束。

$R_{中控30}$：IF CO 含量<0.05‰。AND H2S 含量<0.01‰ AND O_2>18% THEN 除尘器顶部取样孔抽取的循环气体合格。

$R_{中控31}$：IF 开始降温操作（即从 1000℃ 降到 450℃）AND T_5 降温速度>17℃/h THEN 采用如下方法调控：缓慢降低循环风量、减少氮气充入量、停止焦炭排出。

$R_{中控32}$：IF 开始降温操作（即从 1000℃ 降到 450℃）AND T_5 降温速度<11.5℃/h THEN 采用以下方法调控：缓慢提高循环风量、增加氮气充入量、进行间断排出焦炭。

$R_{中控33}$：IF 中间降温操作（即从 450℃ 降到 100℃）AND T_5 降温速度>11.5℃/h THEN 可采用以下方法调控：缓慢降低循环风量、减少空气导入量。

$R_{中控34}$：IF 中间降温操作（即从 450℃ 降到 100℃）AND T_5 降温速度<11.5℃/h THEN 可采用以下方法调控：缓慢提高循环风量、增加空气导入量。

$R_{中控35}$：IF T5 达到目标温度（50℃）AND 进行气体成分检测合格 THEN 降温结束。

$R_{中控36}$：升温标准规则：

$R_{中控36-1}$：IF 从常温至 160℃（管理温度 T_2）THEN 升温幅度：10℃/h AND 所需时间为 10 小时；

$R_{中控36-2}$：IF 达到 160℃ THEN 保持 38 小时；

$R_{中控36-3}$：IF 从 160℃ 至正常运行温度（管理温度 T_6）THEN 升温幅度：15～30℃/h AND 所需时间 44 小时。

$R_{中控37}$：IF 控制温度 T6≥15℃/h THEN 增加循环风量，减少焦炭的排出量或暂时停止排焦。

$R_{中控38}$：IF 控制温度 T6≤15℃/h THEN 减少循环风量，增加焦炭的排出量。

$R_{中控39}$：IF 温风干燥 THEN 耐热碟阀=开 AND 非常用放散阀=调整开 AND 循环风机入口挡板=调整开 AND 干熄炉入口阀=开 AND 预存段压力调节阀=关 AND 空气导入阀=关 AND 风机前氮气吹扫阀=关 AND 风机后氮气吹扫阀=关 AND 炉顶集尘翻板=关 AND 干熄炉底部氮气吹扫阀=关 AND 空气导入氮气吹扫阀=关 AND 风机轴封用氮气=调整开 AND 炉顶放散氮气吹扫阀=关 AND 预存段压力调节阀旁路阀=关。

$R_{中控40}$：IF 投红焦前 THEN 耐热碟阀=开 AND 非常用放散阀=关 AND 循环风机入口挡板=调整开 AND 干熄炉入口阀=开 AND 预存段压力调节阀=关 AND 空气导入阀=关 AND 风机前氮气吹扫阀=开 AND 风机后氮气吹扫阀=开 AND 炉顶集尘翻板=关 AND 干熄炉底部氮气吹扫阀=开 AND 空气导入氮气吹扫阀=开 AND 风机轴封用氮气=调整开 AND 炉顶放散氮气吹扫阀=开 AND 预存段压力调节阀旁路阀=关。

$R_{中控41}$：IF 活动=中控作业 AND 环境因素=电脑 AND 环境影响=辐射 AND 评价结果=正常 THEN 控制措施=避免长时间面对电脑。

$R_{中控42}$：IF 活动=中控作业 AND 环境因素=电话、对讲机 AND 环境影响=辐射 AND 评价结果=正常 THEN 控制措施=避免长时间接触电话、对讲机。

(17)巡检工岗位操作规程对应规则。

从巡检工岗位操作规程抽取的对应规则如下。

$R_{巡检1}$：IF 风机运行 AND 轴承温度≤75℃ THEN 操作符合技术要求。

$R_{巡检2}$：IF 电机轴承温度≤90℃ THEN 操作符合技术要求。

$R_{巡检3}$：IF 锅炉炉管破损 THEN 排水处理，防止水进入灰仓。

$R_{巡检4}$：IF 旋转密封阀被卡住不能排焦 THEN 通知检修人员到现场检修 AND 携带对讲机、一氧化碳报警仪、氧气报警仪到现场 AND 通知中控将循环风量降到最小风量 AND 准备好空气呼吸器，关闭旋转密封阀的吹扫气体，打开旋转密封阀的检修入孔，取出杂物。

$R_{巡检4-1}$：IF 焦炭卡住旋转密封阀 THEN 通过点动正反转旋转密封阀就能排出异物。

$R_{巡检4-2}$：IF 铁件卡住 THEN 点动使铁件松动。

$R_{巡检4-3}$：IF 卡住的部位在阀的里部 THEN 停循环风机，进行空气置换，检测气体合格后，检修人员进入旋转密封阀内取出杂物。

$R_{巡检5}$：IF 大停电 THEN 协助中控工及司炉工做好停电后的应急操作工作 AND 确认焦罐内红焦已装入干熄炉，手摇方式将装入装置全关。

$R_{巡检6}$：IF 活动=巡检作业 AND 环境因素=高温 AND 环境影响=大气 AND 评价结果=正常 THEN 控制措施=穿戴好个人劳动保护用品 AND 严格遵守安全规程作业。

$R_{巡检7}$：IF 活动=巡检作业 AND 环境因素=噪声 AND 环境影响=噪声 AND 评价结果=正常 THEN 控制措施=避免长期工作在高分贝噪声环境。

$R_{巡检8}$：F 活动=巡检作业 AND 环境因素=蒸汽 AND 环境影响=大气 AND 环境影响=废物 AND 评价结果=正常 THEN 控制措施=穿戴好个人劳动保护用品。

$R_{巡检9}$：IF 活动=巡检作业 AND 环境因素=粉尘 AND 环境影响=大气 AND 环境影响=废物 AND 评价结果=正常 THEN 控制措施=穿戴好个人劳动保护用品。

$R_{巡检10}$：IF 活动=巡检作业 AND 环境因素=煤气 AND 环境影响=大气 AND 评价结果=正常 THEN 控制措施=进入煤气区域必须携带 CO 报警器 AND 穿戴好个人劳动保护用品。

(18)干熄焦除尘操作规程对应规则。

从干熄焦除尘操作规程抽取的对应规则如下。

$R_{干熄除尘1}$：IF 风机运行 AND 轴承温度≤75℃ THEN 操作符合技术要求。

$R_{干熄除尘2}$：IF 电机轴承温度≤90℃ THEN 操作符合技术要求。

$R_{干熄除尘3}$：IF 触摸面板上状态显示为"请求合高压" AND 系统无事故报警 THEN 合变频器输入高压。

$R_{干熄除尘4}$：IF 触摸面板上状态显示为"请求合高压"AND 系统有事故报警 THEN 根据故障记录排除故障 AND 再合变频器输入高压。

$R_{干熄除尘5}$：IF 轴承温度急剧上升并超过允许值 THEN 紧急停机。

$R_{干熄除尘6}$：IF 风机或电机主轴产生强烈振动并超过允许值 THEN 紧急停机。

$R_{干熄除尘7}$：IF 轴承箱严重漏油或漏水（从视油窗观察油面高度发生变化） THEN 紧急停机。

$R_{干熄除尘8}$：IF 叶轮转子擦壳，碰撞等发出任何不正常机械噪声 THEN 紧急停机。

$R_{干熄除尘9}$：IF 活动=地面除尘站作业 AND 环境因素=粉尘 AND 环境影响=大气 AND 环境影响=废物 AND 评价结果=正常 THEN 控制措施=穿戴好个人劳动保护用品。

$R_{干熄除尘10}$：IF 活动=地面除尘站作业 AND 环境因素=噪声 AND 环境影响=噪声 AND 评价结果=正常 THEN 控制措施=避免长期工作在高分贝噪声环境。

5.1.3　基于本体的炼焦过程语义推理机制

基于本体规则的推理功能强大，它可以发现知识库中的隐性信息，更有利于知识的查找、维护和系统改进等[164]。本章采用基于规则的推理机制实现炼焦过程的语义推理。基于本体的炼焦过程语义推理是使用规则推理引擎并依据相应的炼焦过程语义推理规则，推出炼焦过程隐形知识和隐含信息的过程[165]。它主要包含如下几个步骤：

（1）依据本体构建方法，结合炼焦过程领域知识构建炼焦过程本体库；

（2）通过本体相关技术和推理规则的相关技术构造或扩展新的推理规则，并存储到炼焦领域规则库；

（3）在推理算法和推理规则的驱动下，推理机将本体库和规则库加载到其中，并对库中的知识进行解析，完成推理工作。

当前主流的推理引擎有 Jess、Racer、Pellet、Jena 等。本章采用 Jena 的通用规则推理机制，采取工厂化方法获得通用规则推理机，通过引入自定义规则库文件对炼焦过程领域本体库进行推理。Jena 能够为 RDF、RDFS 和 OWL 提供相应的开发环境[166]，包括相关解析器的提供、存储方案、模型处理、基于规则推理的检索、对本体的操作和处理，以及资源描述查询（resource description query，RDQ）和搜索等功能。Jena 推理引擎的推理机制如图 5.2 所示，在 Jena 推理机中，图（graph）就是模型（model），以模型界面（model interface）的形式来呈现，在 Model API 和 Ontology API 的支持下，使用 Model Factory 实现炼焦过程数据模型和推理机之间的相互关联，实现推理功能。

基于本体的炼焦过程语义推理的工作原理如下：

(1) 创建并读入 OWL 描述的炼焦过程信息资源；

(2) 由信息资源和炼焦过程本体保护的信息利用自定义的规则通过推理机注册功能创建推理机实例；

(3) 把推理机和需要进行推理的本体进行绑定，得到进行检索的模型对象；

(4) 借助 Ontology API 和 Model API 对已经建立的模型对象进行操作和处理，通过对概念的推理完成基于语义的信息检索。

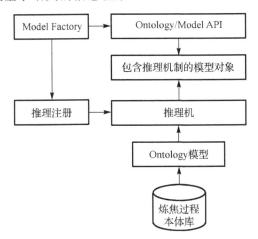

图 5.2　基于本体的炼焦过程语义推理机制框架图

5.1.4　基于本体的炼焦过程语义推理实例

炼焦过程本体是一个 OWL 文档，其中概念的存储是以树形结构实现的，树的每一个节点都可以看做一个 XML 节点，节点间有父子和兄弟两种关系，也就是说炼焦过程本体库是一个 OWL 文档表示的树形结构状态空间。炼焦过程本体推理算法具体步骤如下。

(1) 根据 DL-MCP 形式化公理体系，构造如下炼焦过程本体推理算法 OntoR-CP。

输入：本体库 Σ，概念 C，规则集 $L(X)$，Σ 中的任意一个概念 S；

输出：如果 $\Sigma \vDash C \subseteq S$，则返回 TRUE；否则进行如下步骤。

①设 $M = \{C \sim C\}$；

②对于 Σ 包含的任意 $\{a\}$，令 $M = M \cup \{C \sim \{a\}\}$；

③循环遍历规则集 $L(X)$，对 M 使用推理规则直到没有可用规则为止；

④如果 $C: C \subseteq S \in M$，则返回 TRUE，否则返回 FALSE。

基于算法 OntoR-CP，炼焦过程推理机具体实现思想为：输入建立的专家规则集 R 和用户给定的证据集 S，对 S 中的任一概念和规则前件进行匹配，若匹配成功则对该规则使用算法 OntoR-CP 进行推理，将得到的推理结果加入到证据集 S 中，一直循环匹配直到整个系统不再产生新的推理结果，退出推理。具体的推理机实现如下。

输入：用户给定证据集 $S[1,m]$ 和推理规则集 $R[1,n]$；

输出：推理结果集 X。

①初始化：设有 n 条可拓推理规则，m 条用户给定证据集，令循环变量 $i=1$，$j=1$，阈值 λ；

②若 $1 < i < m$，从证据集中取出第 i 条证据 $S[i]$；若 $i > m$，转⑧；

③若 $1 < j < n$，从规则集中取出第 j 条规则 $R[j]$；若 $j > n$，转⑥；

④对证据名和不同的规则前件进行匹配，计算匹配度：$p = \sqrt{\sum_{k=1}^{n}(R_k - R_k')^2}$，若 $p \leq \lambda$ 表示证据与规则匹配，进入⑤；若 $p > \lambda$ 表示不匹配，转入⑥；

⑤对规则 $R[j]$ 使用 OntoR-CP 算法进行推理，得到推理结果把其加入到证据集中，m++；

⑥j++，转③；

⑦i++，转②；

⑧输出推理结果集 X。

对本体可拓推理机时间复杂度进行分析，由于算法 OntoR-CP 是多项式时间计算的，产生的中间推理证据数为 η，在最坏情况下，每条规则子前提条件最大为 d，则 n 个推理规则为 $d \times n$，那么推理全过程时间复杂度为 $o(d \times n \times \eta)$。本体可拓推理机空间复杂度为 $o(n + m)$。

（2）采用 Jena 推理机按照规则进行推理。Jena 推理机本身自带了一系列的通用推理规则，但是，这些通用规则满足不了特定领域的推理需求，用户可以自定义推理规则，建立特定的推理机进行推理。通过前面章节的阐述，针对炼焦过程领域，建立了三条推理规则，具体如下。

Rule 1：$(?x\ cokingused\ ?y), (?y\ sameas\ ?z) \to (?x\ cokingused\ ?z)$

Rule 2：$(?x\ cokingused\ ?y), (?y\ subclassof\ ?z) \to (?x\ cokingused\ ?z)$

Rule 3：$(?x\ subclassof\ ?y), (?y\ influence\ ?z) \to (?x\ influence\ ?z)$

Rule 1（同义扩展）说明：焦炉煤气 y 用来炼焦 x，焦炉煤气 y 与焦炉气 z 同名，焦炉气 z 也用来炼焦 x。

Rule 2（语义蕴含）说明：焦炉煤气 y 用来炼焦 x，焦炉煤气 y 是煤气 z 的一种，煤气 z 被用到炼焦 x。

Rule 3（语义联想）说明：如果 x 是 y 的子类，y 是 z 的影响因子，则 x 是 z 的影响因子。

举例：推焦系数 K_1 是推焦系数 y 的子类，推焦系数 y 是炼焦耗能 z 的影响因素，推焦系数 K_1 也是炼焦耗能 z 的影响因素。

将以上三条推理规则加入 Jena 推理机，具体程序如下。

```
OntModel   cokemodel=ModelFactory.createOntologyModel(OntModelSpec.
OWL_MEM,null);
//创建本体模型
cokemodel.read(new FileInputStream(".\\coking\\coking.owl"), "");
//将 OWL 文件读入模型
Model cokingbase=maker.createModel("cokemodel");
//创建一个默认的模型
OntModelSpec cokingspec=new OntModelSpec(OntModelSpec.OWL_MEM);
OntModel cokingontomodel= ModelFactory.createOntologyModel(cokingspec,
cokingbase);
//定义炼焦过程推理规则
String cokingrules= "[Rule 1:(?x cokingused ?y),(?y sameas ?z)->(?x
cokingused ?z)]"+"[Rule 2: (?x cokingused ?y),(?y subclassof ?z)->(?x
cokingused ?z)]"+ "[Rule 3: (?x subclassof ?y),(?y influence ?z)->(?x
influence ?z)]";
//查询语句
String queryString1= "PREFIX coke:<http://www.ontlab.org/coking.owl#>"+
"Select ? oven ? gas"+ "WHERE{?oven coke: cokingused ? gas }";
String queryString2= "PREFIX coke:<http://www.ontlab.org/coking.owl#>"+
"Select ? coking ? gas"+ "WHERE{? coking coke: cokingused ? gas }";
String queryString3= "PREFIX coke:<http://www.ontlab.org/coking.owl#>"+
"Select ? coking coefficient? factor"+ "WHERE{? coking coefficient coke:
influence? factor }";
//根据自定义的炼焦过程规则创建推理机
Reasoner cokingreasoner=new GenericRuleReasoner(Rule.parseRules
(cokingrules));
//绑定炼焦过程本体模型与推理机
InfModel cokinginf=ModelFactory.createInfModel(cokingreasoner,
cokingontomodel);
Query query1=QueryFactory.create(queryString1);
Query query2=QueryFactory.create(queryString2);
Query query3=QueryFactory.create(queryString3);
//执行查询
QueryExecution queryEx1= QueryExecutionFactory.create(query1, cokinginf);
QueryExecution queryEx2= QueryExecutionFactory.create(query2, cokinginf);
QueryExecution queryEx3= QueryExecutionFactory.create(query3, cokinginf);
//构造结果集
```

```
ResultSet result1= queryEx1.execSelect();
ResultSet result2= queryEx2.execSelect();
ResultSet result3= queryEx3.execSelect();
//输出结果集
System.out.println(result1);
System.out.println(result2);
System.out.println(result3);
```

(3)将自定义的这三条推理规则加入 Jena 推理机, Jena 推理机将根据规则进行推理, 再将推理结果返回用户, 从而实现了炼焦过程本体知识的挖掘, 扩展了炼焦过程本体知识库的内容。炼焦过程语义推理流程图如图 5.3 所示。

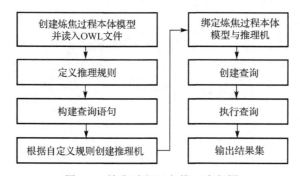

图 5.3　炼焦过程语义推理流程图

以上推理结果如下:

① 焦炉气 A: 炼焦;

② 煤气 B: 炼焦;

③ 推焦系数 K_1: 炼焦耗能影响因素;

④ 推焦系数 K_2: 炼焦耗能影响因素。

从返回的结果来看, 焦炉气 A 可以用来炼焦; 煤气 B 也可以用来炼焦; 推焦系数 K_1 和 K_2 是影响炼焦耗能的因素。

5.2　炼焦过程的知识检索

炼焦过程的知识以文档、表格、图片、网页等形式存在, 可以通过语义技术(包括 RDF、URI 等)对多源、异构的炼焦过程知识进行语义集成, 构建炼焦过程语义本体, 把它存放在语义数据库中, 接着采用 RDF 查询语言 SPARQL 进行语义查询、语义推理, 并进行辅助决策。

5.2.1　炼焦过程知识预处理

炼焦过程的知识涉及文档、表格、图片、网页等类型，主要从文本型炼焦过程知识、表格型炼焦过程知识、图片型炼焦过程知识、网页型炼焦过程知识来考虑，其预处理如下[167,168]。

(1)文本型炼焦过程知识处理：文本型炼焦过程知识通常采用自然语言来进行表达和描述，自然语言来表述文本型炼焦过程知识时，一句自然语言表述的语句主要包括主语、谓语、宾语，另外包括形容词、副词等组成的修饰语。于是，最开始的一步要对用自然语言描述的文本型炼焦过程知识进行简单化，即从文本型炼焦过程知识里面找出表达炼焦过程知识的语句，剔除该语句里面的形容词、副词等，把该语句的主语、谓语、宾语留下，也就把文本型炼焦过程知识提取出来。

(2)表格型炼焦过程知识处理：表格型炼焦过程知识各行最开始的单元格的内容为主语，各列的最开始的元素为谓语，各个行跟各个列交叉的单元格里面的内容为宾语。因此，对于表格型炼焦过程知识，按照上述处理方法找出表格型炼焦过程知识里面的主语、谓语、宾语，也就把表格型炼焦过程知识提取出来。

(3)图片型炼焦过程知识处理：图片型炼焦过程知识是采用图片方式直观展现炼焦过程知识，于是可以把图片型炼焦过程知识作为宾语来处理。

(4)网页型炼焦过程知识处理：可以把整个网页、网页的一部分或者网页的集合看成资源，资源可以作为网页型炼焦过程知识的主语，描述某个资源的特征、性质或关系是通过属性来进行的，属性可以作为网页型炼焦过程知识的谓语，描述资源的属性的值可以作为宾语。

5.2.2　炼焦过程知识的 RDF 语义表示与转换

采用如下方式来定义三元组：

$$CokingOnto=(S, V, O)$$

式中，S 为主语；V 为谓语；O 为宾语。一个三元组由主语、谓语、宾语构成，那么炼焦过程本体可以看成由多个 SVO 三元组组成的集合。

由于炼焦过程知识由文本型炼焦过程知识、表格型炼焦过程知识、图片型炼焦过程知识、网页型炼焦过程知识经预处理提取而来，下面将分别介绍如何将文本型炼焦过程知识、表格型炼焦过程知识、图片型炼焦过程知识、网页型炼焦过程知识转换为三元组。

(1)文本型炼焦过程知识转换为三元组。文本型炼焦过程知识占整个炼焦过程知识里面的绝大部分，文本型炼焦过程知识转换为三元组就是炼焦过程本体构建的重要内容。下面以焦炭的气孔率描述为例进行说明。焦炭气孔率的描述为"不同用途的焦炭，对气孔率指标要求不同，一般冶金焦气孔率要求在 40%～45%，铸造焦要求在 35%～40%，出口焦要求在 30%～35%”。将这个语句转换为三元组，要按照主语、谓语、宾语的形式把这个语句进行拆分，如图 5.4 所示。

不同用途的焦炭，对气孔率指标要求不同，一般冶金焦气孔率要求在40%～45%，铸造焦要求在35%～40%，出口焦要求在30%～35%

拆分出主语、谓语、宾语

主语	谓语	宾语
冶金焦	RDF:Type	焦炭
铸造焦	RDF:Type	焦炭
出口焦	RDF:Type	焦炭
冶金焦	Porosity Max	45%
冶金焦	Porosity Min	40%
铸造焦	Porosity Max	40%
铸造焦	Porosity Min	35%
出口焦	Porosity Max	35%
出口焦	Porosity Min	30%

图 5.4　文本型炼焦过程知识转换为三元组示例

在这个关于焦炭的气孔率描述的语句中，可以看出“焦炭”、“冶金焦”、“铸造焦”、“出口焦”为它的关键字，于是将关键字“焦炭”、“冶金焦”、“铸造焦”、“出口焦”分别作为主语。对于焦炭的气孔率取值范围的描述，使用“Porosity Max”和“Porosity Min”这两个谓词。关于“冶金焦”、“铸造焦”、“出口焦”，它们都是“焦炭”这个类中的子类，因此，利用 RDF:Type 作为谓词来分别连接“冶金焦”、“铸造焦”、“出口焦”与“焦炭”。另外，当描述气孔率的取值范围时，还要用到空白节点 BlankNode 这一技术。当根据“冶金焦气孔率要求在 40%～45%”创建三元组时，为了加载进焦炭气孔率取值范围，就要创建一个 BlankNode 节点，BlankNode 被看做一个数据集，但 BlankNode 自身不含有具体数据。

(2) 表格型炼焦过程知识转换为三元组。对于表格型炼焦过程知识的转换比文本型炼焦过程知识的转换更直观，是由表格型炼焦数据的结构所决定的。表格的各个行的第一个单元格内容(第一行除外)一般转换为三元组的主语，各个列的第一个元素的内容(第一列除外)转换为三元组的谓语，各个行与各个列相交的单元格内容则转换为三元组的宾语。下面以表 5.1 所示的主要机电设备的熄焦车箱为例进行说明。不难看出，“熄焦车箱”应转换主语，为了能表达出“JX-1 为型号”，就需创建一个

BlankNode 空白节点把这些数据加载进来，因此，创建空白节点"熄焦车型号"并通过属性"kind"将"熄焦车型号"与主体相连，"熄焦车箱"作为主体。空白节点"熄焦车型号"与主体"熄焦车箱"的结构创建好以后，就可以在空白节点"熄焦车型号"上加载所需的数据"JX-1"，使用"IS"属性来链接"X-1"。"熄焦车箱"在表格中显示的其他知识内容，也按照上述方法把它们转换为三元组。

表 5.1　某公司炼焦车间主要机电设备

名称	型号	重量/t	说明
装煤车	2#JZ-7	35.00	煤斗容积：27m³，走行速度 92m/min
推焦车	2#JT-7	114	尺寸：25095mm×7922mm×7495mm，电机总功率 228kW，其余同 1#车
拦焦车	1#JL-1KH4	28	走行速度 88m/min
电机车	1#KD-4	20	牵引力 48.4t
熄焦车箱	JX-1	20	容积：装 15t 焦炭。车厢倾斜角 28°
交换机	1#JM-1	3.44	交换过程：46.6s
单斗提升机		12.03	提升高度 26.86m，小车容积 1m³
熄焦水泵	1#、2#、14SH-19A	0.88	扬程 21.5m，Q=1120m³/h
焦 1 皮带机	TD62-1000	21.6	宽 1m，输送能力 120t/h，倾斜度 17°，带速 1.02m/s，全长 147m，物料比重 0.5t/m³
焦 2 皮带机	TD62-1000	7.62	宽 B=1m，输送能力 120t/h，倾斜度 16°58′，带速 1.3m/s，全长 34m
焦 3 皮带机	TD62-1000	5.05	B=1m，Q=100 t/h，倾斜度 13°46′，带速 1.02m/s，全长 7.928m
焦 4 皮带机	TD62-1000	5.05	B=0.8m，Q=100 t/h，倾斜度 6°21′，带速 1.38m/s
八轴辊筛	1#、2#1120	6.02	尺寸：2667mm×2349mm×1348mm
振动筛	BTO-1	0.995	尺寸：1172mm×3210mm×380mm
粉焦抓斗	TMF301	4.62	抓斗容积 1.5m³，起重量 3t

(3) 图片型炼焦过程知识转换为三元组。通过属性 RDFS:seealso 把图片型炼焦过程知识连接进去，图片型炼焦过程知识直接转换为宾语。

(4) 网页型炼焦过程知识转换为三元组。把整个网页、网页的一部分或者网页的集合等网页型炼焦过程知识中的资源转换为主语，把描述某个资源的特征、性质或关系等网页型炼焦过程知识的属性转换为谓语，把描述网页型炼焦过程知识的资源的属性值转换为宾语。

5.2.3　炼焦过程知识的 SPARQL 查询

构建炼焦过程本体的时候，当局部炼焦过程本体构建好以后，就要对所构建的炼焦过程局部本体创建一些测试实例，通过测试实例来检测所构建的炼焦过程本体模型是否达到预期目的，检测所构建的炼焦过程本体模型是否存在错误。采用 SPARQL 查询作为测试方法，检测计算机理解的炼焦过程三元组和创建炼焦过程本体的人所理解的炼焦过程三元组的一致性，若 SPARQL 查询存在问题，那么表明创建的炼焦过程本体就有问题，就需要对所创建的炼焦过程本体进行修改。

在前面章节中对焦炭进行描述时，当关于焦炭气孔率及其类型的局部本体构建好以后，就可以运用 SPARQL 来进行查询，可以把查询的问题表述为："冶金焦的气孔率是多少？"对应的 SPARQL 查询语句如下。

```
SELECT ?x?y?z
WHERE{
?x rdfs:label "冶金焦",
?x:PorosityMin ?y,
?x:PorosityMax ?z}
```

5.2.4　数据库与本体库相融合的炼焦过程知识检索模型与算法设计

1. 本体库与数据库相融合的炼焦过程信息语义查询模型

本体库与数据库相融合的炼焦过程信息语义查询模型是在传统数据查询框架基础上，引入炼焦过程本体库，构建炼焦过程语义查询模型。该模型可以实现基于关键词的查询扩展，以达到炼焦过程信息查询的自动化、智能化。模型框架如图 5.5 所示。

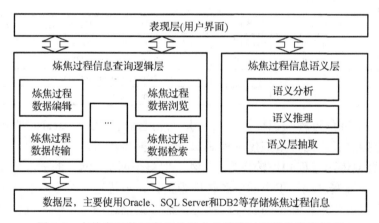

图 5.5　本体库和数据库相关融合的炼焦过程信息查询框架

基于本体库与数据库融合的炼焦过程信息查询模型主要包括五个功能模块：炼焦过程本体库模块、查询请求处理模块、语义查询模块、本体库与数据库映射模块、查询结果输出模块。基于本体库与数据库融合的炼焦过程信息查询模型总体结构如图 5.6 所示。

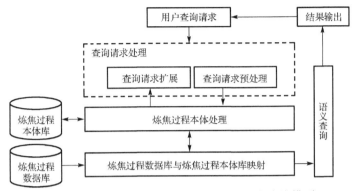

图 5.6　基于本体库与数据库相融合的语义查询模型

由图 5.6 可以看出,炼焦过程数据库与炼焦过程本体库的映射主要是考虑炼焦过程本体库和炼焦过程数据库间的对应,来实现对炼焦过程本体库、炼焦过程数据库的管理。通过数据方式从炼焦过程数据库中查询出符合用户需求的炼焦过程信息,将查询结果通过某种方式反馈给用户。

2. 基于本体库与数据库相融合的炼焦过程信息语义查询流程

基于本体库与数据库相融合的炼焦过程信息语义查询的主要流程包括以下几个方面。

(1)炼焦过程信息语义查询对用户查询请求进行分析,使之形成三元组,并对炼焦过程本体库中的概念进行语义相似度计算,形成与之概念相似的集合。基于前面章节的分析,本章采用 4.4.1 节提出的基于语义距离的本体相似度计算方法,对炼焦过程本体概念进行相似度计算。

(2)通过(1)中分析形成的概念集合,在此基础上引入多种概念的扩展,如对单个、多个检索关键词的扩展等,形成炼焦过程信息语义查询需要的语义扩展概念。

(3)结合概念语义相似度计算对扩展后的概念集合再执行语义扩展操作,获取更深层次的语义信息。

(4)最终形成新的炼焦过程信息语义查询扩展。

3. 炼焦过程本体库与炼焦过程数据库相融合模型

炼焦过程本体库中的概念转换后,采用关系数据库中的二维表来存储。通过构建炼焦过程数据库中的记录与炼焦过程本体库中的概念间的关系,实现炼焦过程本体概念与炼焦过程数据记录间转换成传统关系数据库 E-R 关系。炼焦过程本体库与炼焦过程数据库相融合的模型如图 5.7 所示。

炼焦本体/数据库融合结构体是炼焦过程本体库、炼焦过程数据库相融合模型的核心。炼焦本体/数据库融合结构体包括炼焦过程本体概念集、炼焦过程知识所属领域集、炼焦过程本体库与炼焦过程数据库对应关系集,它们均采用二维表存储。

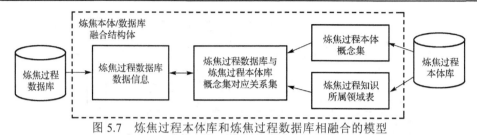

图 5.7 炼焦过程本体库和炼焦过程数据库相融合的模型

炼焦本体/数据库融合结构体中涉及炼焦过程本体概念集、炼焦过程知识所属领域集、炼焦过程本体库与炼焦过程数据库对应关系集，其主要功能如下。

(1)炼焦过程本体概念集，其主要功能就是通过手动的方法来对炼焦过程本体进行标引，把炼焦过程本体库中的相关概念及其概念的类型等信息提取出来，构成对应的本体概念集合。炼焦过程本体中的一个概念就对应数据库中一条记录。

(2)炼焦过程知识所属领域集，对炼焦过程本体中所有概念属于哪个知识领域的相关信息进行描述，主要原因是有一些概念所处的知识领域不同会表示不同意思，当炼焦过程数据库、炼焦过程本体库相融合时，不把它们区分开，会影响炼焦过程信息查询的准确性。

(3)炼焦过程本体库与炼焦过程数据库对应关系集，主要将炼焦过程数据库中的各个二维关系表中的记录(行)跟炼焦过程本体库中概念进行对应，达到炼焦过程数据库同炼焦过程本体库相连接，最终实现基于炼焦过程本体的信息查询。

4. 基于本体库与数据库相融合的炼焦过程信息扩展查询

基于炼焦过程本体库与炼焦过程数据库相融合的炼焦过程信息语义查询的关键是基于关键字扩展查询来实现。

1)基于单个关键字的炼焦过程信息扩展查询

通常情况，炼焦过程查询请求需要从以下两种情况考虑：①炼焦过程查询请求的关键字已包含在炼焦过程本体概念集；②炼焦过程查询请求的关键字不包含在炼焦过程本体，并且查询请求的关键字与炼焦过程本体不存在直接的关联。这两种情况都要求基于炼焦过程本体将查询请求的关键字匹配炼焦过程本体中相关的炼焦过程的概念、炼焦过程的概念同义词以及炼焦过程概念的属性等。匹配时采用的方式是基于炼焦过程本体概念的查询扩展，即把相关的炼焦过程概念以及这些炼焦过程概念的关系进行一定的扩展，重点包括炼焦过程概念的同义关系的扩展、炼焦过程概念的父子关系(如上下位关系)的扩展、炼焦过程概念间相邻平行并且同属于某一类概念的关系(如兄弟关系)的扩展。

基于单个关键字的炼焦过程信息扩展查询算法如下。

输入：查询请求(一个关于炼焦过程关键字)；

输出：查询结果(与关键字相关的炼焦过程概念集)。

步骤 1：获取用户查询请求，对用户查询请求中的关键字(词)进行分析，在炼焦过程本体库中获得跟查询请求关键字对应的意义相同的炼焦过程概念 C；

步骤 2：基于炼焦过程本体库进行炼焦过程概念 C 的父子关系概念和兄弟关系概念扩展查询，把扩展查询得到的相关炼焦过程概念合并为一个概念集 C_S；

步骤 3：利用基于语义距离的语义相似度计算方法分别计算炼焦过程概念 C 与扩展查询的概念集合 C_S 中各概念之间的相似度；

步骤 4：根据步骤 3 中概念相似度计算结果，按相似度大小，对炼焦过程概念集 C_S 中的各个概念进行排序；

步骤 5：将查询到的炼焦过程概念分别按照它们与查询请求的关键字对应的炼焦过程概念的相似度从高到低反馈给用户；

步骤 6：算法结束。

2) 基于多关键字的炼焦过程信息组合查询

如果用户的查询请求是一个句子，就要对一个句子的查询请求做分析，提取包含在它里面的查询关键字，一般为多个查询关键字，然后把这些关键字组合进行查询并得到查询结果。基于炼焦本体库、数据库相融合来进行多个关键字的组合查询过程如下。

基于多关键字的炼焦过程信息组合查询是在单个关键字炼焦过程信息查询的基础上，分析用户输入的查询请求，对用户的查询请求进行处理，得到多个查询关键字，并把它们组合在一起构成一个查询关键字集；并在炼焦过程本体之上进行查询扩展，得到一个新的查询结果，这个查询结果是一组查询得到的概念所组成的集合。炼焦过程本体库中对炼焦过程的概念间语义关系都进行了描述，利用炼焦过程本体推理机制可以得到蕴含在里面的一些相关信息，把这些蕴含在炼焦过程本体库里面的信息进行分解，构成一些不同的查询请求，然后通过这些查询请求进行查询，最后查询得到与查询请求相关联的数据、信息。

基于多个关键字的炼焦过程信息组合查询算法如下。

输入：查询请求(一句关于炼焦过程的句子)；

输出：查询结果(与炼焦过程的句子中的关键字相关的炼焦过程概念集)。

步骤 1：获取用户查询请求，应用分词等方法对用户查询请求中的语句进行分析，提取用户查询请求的关键字，然后基于炼焦过程本体库分别寻找与所提取的查询请求关键字意思相同的炼焦过程相关的概念，找出一组与所提取的查询请求的关键字同义的炼焦过程相关概念 C_1、C_2、C_3、$\cdots$、C_n；

步骤 2：对炼焦过程相关概念 C_1、C_2、C_3、$\cdots$、C_n 进行去同义概念处理，得到一个新的炼焦过程概念集 C'，由 C_1、C_2、C_3、$\cdots$、C_m 组成；

步骤 3：基于炼焦过程本体概念层次分别遍历炼焦过程概念 C 中的概念 C_1、C_2、

C_3、…、C_m的父子关系炼焦过程概念、兄弟关系炼焦过程概念等，把遍历得到的相关炼焦过程概念合并为一个概念集 C_S；

步骤4：利用基于语义距离的语义相似度计算方法分别计算炼焦过程概念 C' 与遍历得到的炼焦过程相关概念集合 C_S 中各概念之间的相似度；

步骤5：根据步骤4中概念相似度计算结果，按概念相似度大小把与炼焦过程概念集 C' 相关联的炼焦过程概念集 C_S 中的各个概念排序；

步骤6：将查询到的炼焦过程概念分别按照与查询请求的相似度从高到低反馈给用户；

步骤7：算法结束。

5.3　基于语义的炼焦过程知识服务模型研究

5.3.1　基于语义的炼焦过程知识服务模型总体框架

炼焦过程知识服务是以炼焦过程领域知识的搜索、组织、分析、重组等过程为基础，根据炼焦过程具体的问题和环境，将炼焦过程领域知识融入用户解决问题的过程中，为用户提供解决问题的知识服务。炼焦过程知识服务关注的焦点和最后的评价不应该仅仅是向用户提供所需的信息，而应该是通过知识服务帮助用户挖掘炼焦过程中的隐含知识，解决炼焦过程中面临的问题和提高炼焦过程的生产质量和效率。为此，本节提出了一种基于语义的炼焦过程知识服务模型的总体框架，如图5.8所示。

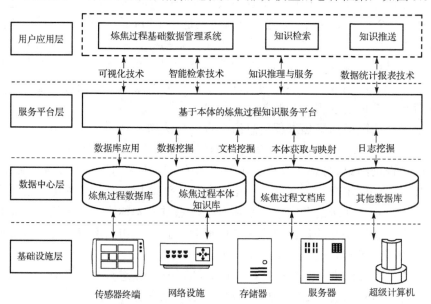

图5.8　基于语义的炼焦过程知识服务模型总体框架

基于语义的炼焦过程知识服务模型主要基于数据库技术、数据挖掘技术、机器学习、本体技术、知识工程和其他先进技术，对炼焦过程知识进行组织、管理与服务应用。

基于语义的炼焦过程知识服务模型包括四层：基础设施层、数据中心层、服务平台层、用户应用层。

基础设施层包括传感器终端、网络设施、存储器、服务器和超级计算机，它为炼焦过程知识服务模型整体平台的基础性数据通信、计算、存储和管理提供基本的底层硬件支持。其中，传感器终端是面向冶金炼焦过程的物联网前端数据采集设备，共 5 类传感器，负责采集炼焦过程中焦炉机械状态、火道温度和煤气管压力流量等基础数据。

数据中心层包括炼焦过程数据库、炼焦过程本体知识库、炼焦过程文档库和其他数据库。本层涵盖了炼焦过程的所有数据，是整个系统的核心。数据的获取主要通过基于传感器网络的炼焦全流程数据采集和领域标准文档等。

服务平台层的技术支撑包括数据库应用、数据挖掘、文档挖掘、本体获取与映射和日志挖掘。

用户应用层包括炼焦过程基础数据管理系统、知识检索和知识推送；技术支撑包括可视化技术、智能检索技术、知识推理与服务和数据统计报表技术。

5.3.2　基于语义的炼焦过程知识服务过程与推送策略

知识服务模型是知识管理平台的一个子系统，知识服务模型由问题提取、问题项解析、知识项提取和知识推送等步骤组成。基于语义的炼焦过程知识服务过程如图 5.9 所示，具体步骤如下。

(1)知识服务系统从用户查询语句中提取问题项；

(2)对问题项进行解析，提取与问题项相关的概念和关系信息；

(3)调用概念映射将炼焦过程有关概念和关系映射到领域本体上；

(4)通过炼焦过程领域本体上的概念推理，从而获取与问题项相关的知识项，结合炼焦过程知识管理策略提取合适知识项；

(5)通过知识推送模块将提取到的知识项推送给用户。

综合比较，知识推送策略和技术都有各自的优缺点，存在一定的局限性。周明建等[169]提出了基于属性相似度的知识推送方法，该方法对用户已经浏览过的知识进行分析，通过计算这些知识的属性相似度得到用户的知识需求和兴趣信息，把用户未浏览的知识与用户知识兴趣信息进行属性相似度匹配，以判断该知识项是否符合用户的知识需求和兴趣。本章结合基于属性相似度的知识推送算法和前面章节阐述的基于语义距离的相似度计算方法，提出一种基于语义的炼焦过程知识推送策略。该炼焦过程知识推送策略具体如下。

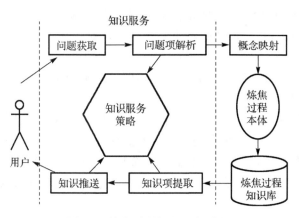

图 5.9 炼焦过程知识服务过程

(1) 把用户行为习惯模型和浏览过的所有炼焦过程知识项构成炼焦过程知识项集合 K_1，利用炼焦过程知识项的属性最大相似度计算方法，计算出 K_1 集合的属性最大相似度，进而得到 K_1 集合中每个知识项的偏离相似度。

(2) 依据系统设定的相似度阈值 λ，把偏离相似度低于 λ 的知识项剔除出炼焦过程知识集合 K_1，使得集合中仅留下偏离相似度高于 λ 的知识项，形成炼焦过程知识项新集合 K_2。从而，炼焦过程知识项集合 K_2 构成新的用户行为习惯模型，该模型中的知识项都符合用户的知识需求和知识兴趣。

(3) 把炼焦过程知识服务系统产生的新知识项 NK 与炼焦过程用户知识需求模型 K_2 进行比较，利用基于语义距离的语义相似度计算方法计算该新知识项 NK 与炼焦过程用户知识模型 K_2 的相似度。

(4) 依据系统设定的相似度阈值判定该炼焦过程新知识 NK 是否与用户知识需求模型匹配，如果匹配则推送给用户，否则不予推送。

5.3.3 基于语义的炼焦过程知识服务系统设计

基于语义的炼焦过程知识服务系统是结合前面章节的有关研究，为用户提供炼焦过程的知识提取、知识重用、知识查询、知识推送和个性化服务的平台。通过炼焦过程知识服务系统可以实现炼焦过程的隐含知识挖掘，解决炼焦过程中面临的实际问题，提出炼焦过程重点参数的预判和调整，从而提高炼焦过程的生产质量和生产效率。基于语义的炼焦过程知识服务系统按多层体系结构设计，主要包含知识存储、语义处理、知识服务与管理、用户交互界面等，如图 5.10 所示，具有以下功能。

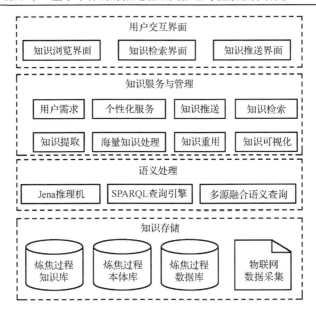

图 5.10　基于语义的炼焦过程知识服务系统

(1)用户需求及个性化服务。

在设计炼焦过程知识服务系统前要对系统用户进行建模分析，充分考虑和分析用户的特征与需求。炼焦过程知识服务系统的用户包括一般数据浏览人员、业务操作人员、业务过程调控人员、系统管理员。对于一般数据浏览人员主要提供炼焦过程基础知识的浏览和管理，如炼焦过程标准数据信息、炼焦过程报表统计信息和炼焦过程最佳参数库信息等。对于业务操作人员，提供炼焦过程中当前业务操作的最佳参数库参考以及对整个炼焦过程的预判。对于业务过程调控人员，提供炼焦过程中当前业务操作的参数变化以及后续参数变化的因素，为炼焦过程生产活动的调控提供支持。由于炼焦过程知识服务系统的用户角色划分不同，系统的设计需要考虑不同角色的用户个性化需求。针对不同用户功能需求，结合用户使用行为进行建模，可以为不同角色用户提供个性化知识推送服务，达到知识服务智能推荐效果。

(2)物联网数据采集。

物联网数据采集是炼焦过程知识服务系统各单位模块的基础数据来源，系统采用 5 类传感器作为冶金炼焦过程的物联网前端数据采集设备，负责采集炼焦过程中焦炉机械状态、火道温度和煤气管压力流量等实时基础数据。

(3)炼焦过程知识库。

炼焦过程知识库是知识服务系统的核心，为其他子系统的功能提供基础数据服务，主要包括炼焦过程本体库、炼焦过程数据库和用户行为习惯库。炼焦过程本体库是炼焦过程领域本体经过规则推理后产生的数据，是知识服务系统的主要数据来源。炼焦过程数据库是炼焦过程产生的各类业务数据，包括炼焦过程生产数据、物联网前端设备采集的数据等。用户行为习惯库是知识服务系统的各类用户关于系统功能的需求，便于知识服务系统对不同的用户提供个性化知识服务。

(4)炼焦过程知识服务语义处理。

该部分主要包括 Jena 推理机、SPARQL 查询、多源融合语义查询等。基于本体的炼焦过程语义推理采用 Jena 推理机按照规则进行推理。将自定义的推理规则加入 Jena 推理机，Jena 推理机将根据规则进行推理，再将推理结果返回用户，从而实现了炼焦过程本体知识的挖掘,扩展了炼焦过程本体知识库的内容。系统采用 SPARQL 查询来检测计算机理解的炼焦过程三元组和创建炼焦过程本体的人所理解的炼焦过程三元组是否具有一致性，若 SPARQL 查询存在问题，那么表明创建的炼焦过程本体就存在问题，就需要对所创建的炼焦过程本体进行修改。多源融合语义查询是利用知识收录子算法和知识更新子算法提供一种炼焦过程中的结构化知识与非结构化知识间的语义融合查询。

(5)炼焦过程海量知识处理。

炼焦过程海量知识处理是指基于 RDF 图的炼焦过程知识推理 MapReduce 并行化方案，从数据可扩展性、算法可扩展性、执行时间方面进行测试实验，表明所提出的炼焦过程本体 RDF 图的 MapReduce 并行化推理方案，能有效地增强炼焦过程本体 RDF 图推理的语义功能，减少炼焦过程语义歧义。

(6)炼焦过程知识可视化。

炼焦过程知识可视化是指将一些抽象的、不易被理解的、非直接的炼焦领域知识，利用计算机可视化技术将其用图形图像表现出来。通过运用计算机技术、多媒体技术和认知科学，将这些隐含的炼焦过程知识以动态和直观的方式展示出来，以期揭示炼焦过程生产规律和解决炼焦过程生产问题，为炼焦过程的科学管理和智能化控制提供支持。基于语义的炼焦过程知识服务系统利用本体推理、数据分析、图形处理等技术实现了知识可视化功能。

例如，设计直行温度趋势图和炼焦耗热量趋势图，可以通过对钢铁厂炼焦车间生产技术操作情况日报表数据进行抽象和分析，得到一个月直行温度趋势图和炼焦耗热量趋势图。从该趋势图可以直观地看到炼焦车间直行温度和炼焦耗热量的变化趋势，对比发现不同钢铁厂间炼焦生产能力和生产状态的差别。

另外，系统还提供了焦炉焦炭产量与炼焦耗热量关系图、配煤的水分与炼焦耗热量关系图、安定系数与炼焦耗热量关系图以及炼焦耗热量的生产中心线图等，以期揭示钢铁厂炼焦过程生产能力和生产状态的内在关联。

第6章 基于本体的炼焦过程语义化应用研究

6.1 数据库与本体库技术在炼焦过程的基础数据管理中的应用

6.1.1 炼焦过程基础数据管理系统框架设计

结合实际炼焦生产过程所需要的功能,炼焦过程基础数据管理系统可分为以下几个功能模块:参数设置模块、数据采集模块、数据分析模块、数据显示模块,如图6.1所示。

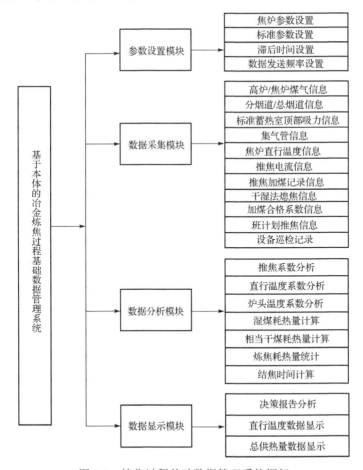

图 6.1 炼焦过程基础数据管理系统框架

(1)参数设置模块：该模块主要包括焦炉的参数信息、标准参数表、滞后时间的设置、数据发送频率的设置等。

(2)数据采集模块：该模块主要包括高炉/焦炉煤气信息表、分烟道/总烟道信息表、标准蓄热室顶部吸力信息表、集气管信息表、焦炉直行温度信息表、推焦电流信息表、推焦加煤记录信息表、干湿法熄焦信息表、加煤合格系数信息表、班计划推焦信息表、设备巡检记录表。

(3)数据分析模块：该模块包括推焦系数分析、直行温度系数分析、炉头温度系数分析、湿煤耗热量计算、相当干煤耗热量计算、炼焦耗热量统计、结焦时间计算。

(4)数据显示模块：该模块主要用于数据显示，通过公共函数传递参数，显示相关报表。

6.1.2 炼焦过程领域数据库实现

炼焦过程领域数据库实现过程主要通过以下三个步骤：炼焦过程数据库概念模型设计、炼焦过程数据库物理模型设计、炼焦过程数据库表结构及接口设计。

(1)炼焦过程数据库概念模型设计。

该阶段采用 E-R 图模型表示方法，对炼焦过程概念模型设计采用自底向上的设计方法，首先提取炼焦过程实体，确立实体的属性信息，如焦炉的参数、高炉/焦炉煤气、分烟道/总烟道信息、蓄热室顶部吸力、集气管、焦炉直行温度、推焦电流、推焦加煤记录、加煤合格系数、干湿法熄焦等，其次确定实体的主键标识，最后在提取的实体间建立联系。概念模型具体设计详见 4.1.1 节。

(2)炼焦过程数据库物理模型设计。

该阶段需要解决数据库在物理设备上存储及读取问题，本章采用 PowerDesigner 工具进行实现，首先确立数据库物理结构，其次对物理结构在时间和空间上进行分析，通过反复的物理实施阶段，最终完善数据库物理结构。

(3)炼焦过程数据库表结构及接口设计。

通过对炼焦过程表结构之间的关系进行分析，设计数据库表，根据炼焦过程数据库概念模型设计和物理模型设计，确定系统所需要的表信息，通过对表操作进行访问实现各功能接口的设计。数据库表结构具体设计详见 4.1.2 节。

6.1.3 炼焦过程领域本体库实现

炼焦过程领域本体库主要通过以下三个步骤实现。

(1)使用 Protégé 创建本体库。

首先需要明确领域知识和分类，本书炼焦过程领域知识来源：主要对三家钢铁企业焦化厂的相关数据进行收集；查阅炼焦过程相关文献资料；咨询领域专家。如图 6.2 所示。

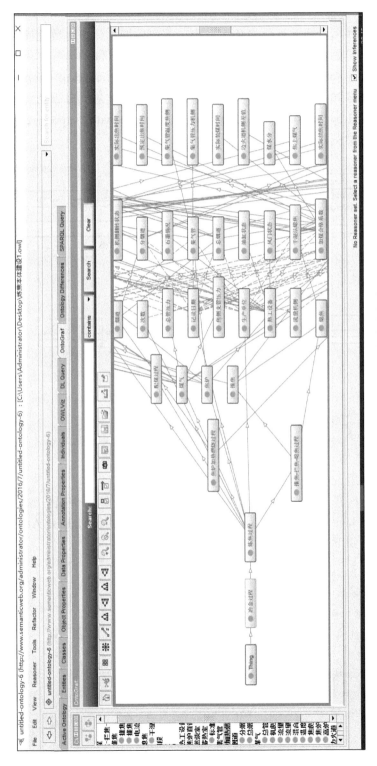

图 6.2　Protégé 创建本体库过程

（2）装载入库。

需要将本体模型载入面向对象模型中，方便后期本体库与数据库的融合，系统通过 UML 建模语言，解决本体模型与面向对象模型之间的差异。由于本体对象之间存在抽象、继承、聚集、组合关系，纵向上存在 is-a、kind-of、part-of，横向上类与类之间存在等同集、反集、补集关系，这些关系通过建立对象类之间的逻辑关系实现，如 caused-by、used-by、interact-with、collaborate-with、supervised-by、writer-by 等，具体设计类图如图 6.3 所示。

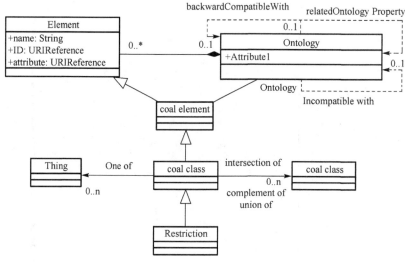

图 6.3　装载入库类图

（3）本体查询。

该阶段采用 Jena 对本体进行查询，主要步骤如下。

首先需要创建 RDF 模型将内容写入 RDF 文件中，然后根据资源的 URI 获取概念对象，利用 Jena 提供的 Resource 接口编辑内容，最后通过 RDF API 对 RDF 进行检索。伪代码如下。

```
public class OntologySearch {
public void CreateModel(){
String modelFile="coal.rdf";
Model m=ModelFactory.createDefaultModel();//创建一个 RDF 模型将其写入
RDF文件
m.write(System.out);
m.read(modelFile);}
public  Resource createReasoner(List rules){
```

```
String rules="[rule:(?x?y?z)->?z]";
List ruleList=Rule.parseRule(rules);
Graph data =model.getGraph();
//根据自定义规则创建推理机，创建包含推理关系的数据模型
InfGraph infgraph=createReasoner(ruleList).bind(data);
InfModel inf=ModelFactory.createInfModel(infgraph.getReasoner(),model);
inf.prepare();
RuleReasoner r=new RuleReasoner(rules);
r.tablePredicate(RDFS.Nodes.subClassOf);
r.tablePredicate(RDFS.Nodes.type);
r.tablePredicate(RDFS.Nodes.p);
return reasoner;}}
```

6.1.4 基础数据管理系统的主要功能实现

1. 系统初始化模块实现

系统采用 Struts2+Hibernate+Spring 架构程序进行设计，初始化模块主要功能如下：
(1)炼焦过程整个参数的相关设置；
(2)人机界面初始化和默认值设置；
(3)系统数据库连接；
(4)炼焦过程对象实例化和相关参数的初始化。

图 6.4 所示为初始化模块生成的原始焦炉数据表。表中包括焦炉号、周转时间、测时、高炉煤气总压、高炉煤气压力机侧、高炉煤气压力焦侧、高炉煤气流量机侧、高炉煤气流量焦侧、高炉煤气温度、焦炉煤气掺混流量机侧、焦炉煤气掺混流量焦侧、焦炉煤气总管温度、焦炉煤气总管流量、焦炉煤气总管压力、直行温度补偿值机侧、直行温度补偿值焦侧、直行温度标准温度机侧、直行温度标准温度焦侧、直行温度 K 均、直行温度 K 安、炉头温度机侧、K 炉头机侧、炉头温度焦侧、K 炉头焦侧、炉头最高温度机侧、炉头最高温度焦侧、炉头最低温度机侧、炉头最低温度焦侧、蓄顶温度机侧煤气、蓄顶温度机侧空气、蓄顶温度焦侧煤气、蓄顶温度焦侧空气、分烟道温度机侧、分烟道温度焦侧、总烟道温度、炉顶空间温度、集气管温度机侧、集气管温度焦侧、集气管压力、蓄顶吸力上升机侧、蓄顶吸力上升焦侧、蓄顶吸力下降机侧、蓄顶吸力下降焦侧、风门开度机侧、风门开度焦侧、烟道吸力总压、烟道吸力机侧、烟道吸力焦侧、空气过剩系数机侧、空气过剩系数焦侧、备注等。

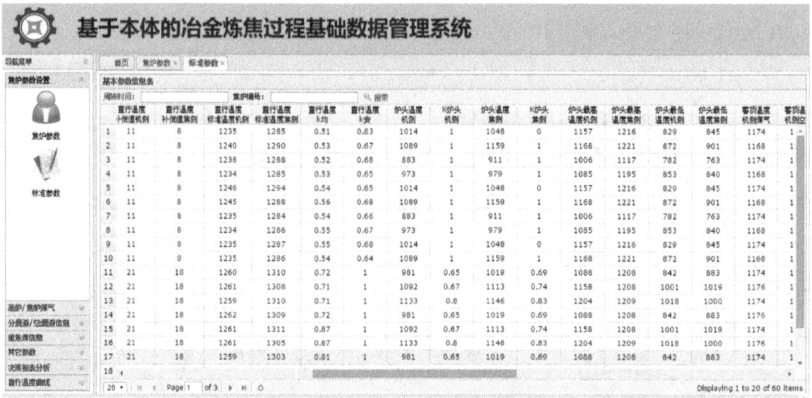

图 6.4　原始焦炉数据表

2. 系统主程序模块实现

炼焦过程是一个多输入多输出复杂的工业过程，为了在一定程度上全面合理地反映炼焦过程的状态，需要建立原型系统，包括焦炉的参数设置、高炉/焦炉煤气信息管理、分烟道/总烟道信息管理、蓄热室顶部吸力管理、集气管信息管理、焦炉直行温度管理、推焦电流管理、推焦加煤记录管理、加煤合格系数管理、干湿法熄焦、班计划、设备巡检记录、决策报表管理等。图 6.5 所示为高炉/焦炉煤气信息表。

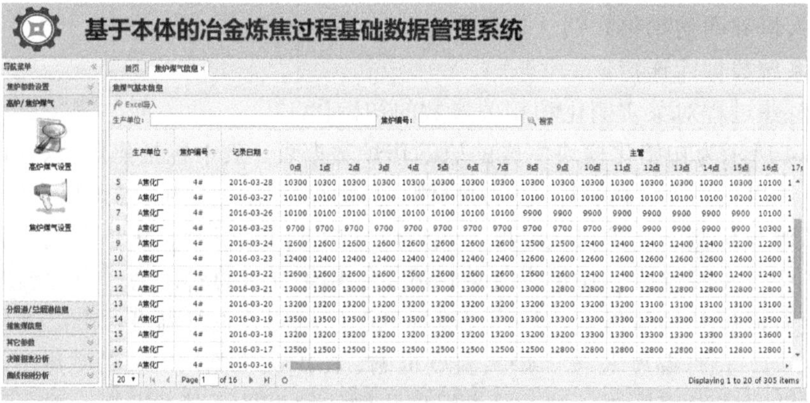

图 6.5　高炉/焦炉煤气信息表

实现的高炉/焦炉煤气信息表包括生产单位、记录日期、流量机侧、流量焦侧、总管压力、机侧支管压力、焦侧支管压力、温度等。

图 6.6 所示为焦炉直行温度信息表。实现的焦炉直行温度信息表包括生产单位、记录日期、次数、焦气加热燃烧室号、焦气加热机侧、焦气加热机侧差值、焦气加热焦侧、焦气加热焦侧差值、高气加热燃烧室号、高气加热机侧、高气加热机侧差值、高气加热焦侧、高气加热焦侧差值。

图 6.6　焦炉直行温度信息表

图 6.7 所示为推焦加煤记录表。实现的推焦加煤记录表包括生产单位、记录日期、记录次数、炉号、预定出焦时间、预定结焦时间、实际出焦时间、实际装煤时间、实际结焦时间、推焦电流、装入煤口量。

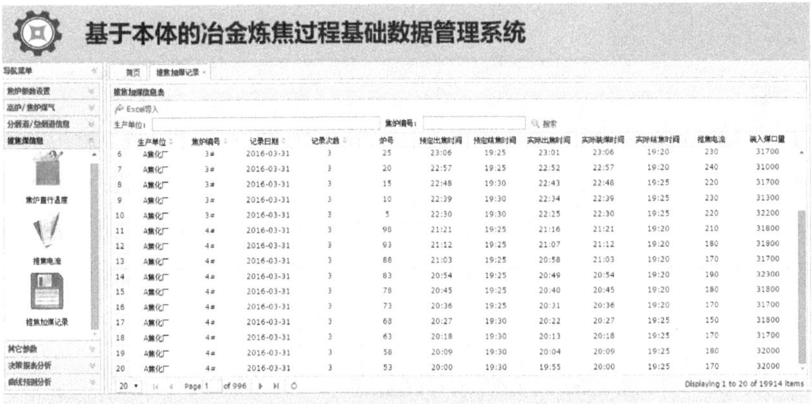

图 6.7　推焦加煤记录表

3. 系统决策报表模块实现

该模块主要用于决策支持，包括焦炉号、日期、生成任务统计、结焦时间统计、推焦系数统计、推焦电流统计、装煤量统计、煤水分统计、装煤系数统计、计划标准温度、实际温度统计、炉温系数统计、焦炉煤气统计、高炉煤气统计、焦气热值计算、高气热值计算、总供热量计算、总装煤量计算、炼焦耗热量计算、集气管统计、生产情况统计，如图 6.8 所示。

对炼焦车间生产技术操作日报表进行分析，可以得到一段指定时间内的直行温度趋势图和炼焦耗热量趋势图，模块实现如图 6.9 和图 6.10 所示。

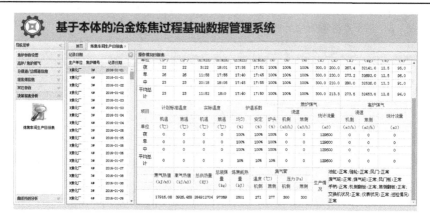

图 6.8　炼焦车间生产技术操作日报表

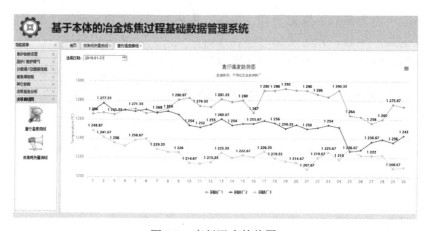

图 6.9　直行温度趋势图

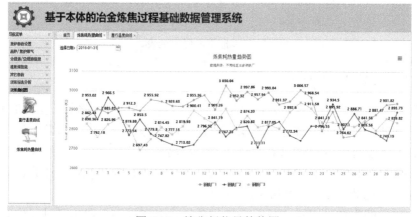

图 6.10　炼焦耗热量趋势图

6.2 炼焦过程语义融合技术在多源异构信息资源处理中的应用

6.2.1 多源异构信息资源的 RDF(S) 描述

1. 炼焦过程多源异构信息资源知识形成过程

从炼焦知识的构成上来说，炼焦过程的知识主要有非结构化炼焦过程文本型知识、半结构化炼焦过程网页知识和关系型炼焦数据库。对炼焦过程多源异构信息资源知识形成过程进行研究,然后找到一种消除炼焦过程不同数据源间的语义异构的方法,并且能把未经处理的炼焦过程知识转换成统一的炼焦过程知识进行表示。炼焦过程的数据源不同，可以用一个共有的 RDF(S) 模型来填充炼焦过程数据，利用共有的 RDF(S) 模型来描述不同的炼焦过程数据,是构建炼焦过程多源异构信息资源本体知识库的前期准备。

由图 6.11 可知，炼焦过程多源异构信息资源知识形成过程主要分为两步：一是将炼焦过程不同数据源数据填充到一个共有 RDF 模型上；二是通过 RDF(S) 语义推理组织过程形成知识模型。

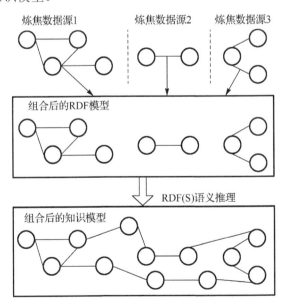

图 6.11 炼焦过程多源异构信息资源知识形成过程

2. 炼焦过程多源异构信息资源的 RDF(S) 描述

RDF(S) 是 RDF(resource description framework)及其扩展 RDF Schema 的统称,

是一种用规范化词汇表来表达命令的断言语言，其基本思想是用简单的陈述来表达资源，每句陈述由三部分组成，分别为主语(subject)、谓语(predicate)、客体(object)。使用 RDF(S)对炼焦过程多源异构信息资源进行描述，可以把知识看做一系列资源的集合，RDF(S)通过属性和属性值对资源进行描述，一个 RDF(S)描述定义如下。

定义 6.1　Statement::=<subject,predicate,object>，其中，subject 表示 RDF(S)所描述的资源，predicate 描述 subject 的特定方面、某一特性或是其他属性之间的关系，object 是资源属性值，取值可以是 subject。

针对炼焦过程这一特定应用领域，RDF(S)描述为异构信息资源提供了强有力的知识表示，在定义 6.1 的基础上，对炼焦过程多源异构信息资源的 RDF(S)描述步骤如下。

(1)建立炼焦过程信息资源集合，其中炼焦过程信息资源集合方便理解，并且描述方式要一致。

(2)借助 RDF Schema 建立炼焦过程信息资源的共享词汇表。

(3)对所形成的炼焦过程 RDFS 词汇表从整体上描述炼焦过程 RDF 模型中所使用过的炼焦过程类、属性和资源，为炼焦过程建模提供良好基础。

(4)使用 RDF 提供的查询语言 RQL(RDF query language)对一个或多个 RDF 或 Schema 模式进行查询，返回相应的变量绑定列表[170]。

在上述 RDF(S)描述步骤中，常使用 RDF(S)的几种构造实体，例如，核心类 rdfs:resource 及两个子类 rdfs:class、rdfs:property；核心特征 rdfs:subClassOf、rdfs:subPropertyOf、rdfs:type；核心约束 rdfs:range、rdfs:domain、rdfs:constraint-Property、rdfs:constraintResource[171]。

6.2.2　多源异构信息资源本体知识库构建模型

知识库和传统数据库管理系统的区别是：数据库管理系统无力表达和处理基于规则的知识，而知识库具有统一的符号和结构模式，它是对特定应用领域陈述性知识和过程性知识合理组织的集合，而本体作为知识表示方法能有效地表达概念结构、概念之间的关系，能很好地实现真正意义的"共享概念化"[172,173]。在炼焦过程领域中，把二者合理地结合起来，于是提出了基于本体化的炼焦过程知识模型，旨在为应用提供所需的数据和知识结构的规范性说明，为构建炼焦过程本体知识库框架提供理论基础。

定义 6.2(本体化的炼焦过程知识模型表示)　<Coking Knowledge Model>::=<Coking Domain Knowledge><Reason Knowledge><Task Knowledge>，其中，Domain Knowledge 表示炼焦过程领域知识，用于详细描述炼焦过程领域知识和在炼焦过程领域中所讨论的知识类型；Reason Knowledge 表示推理/方法知识，概括性的描述使用炼焦过程领域知识的推理方法或步骤，如匹配器、产生器、推理机、推理引擎等基本构建；

Task Knowledge 表示任务知识，描述在一个任务阶段所要达到的目标知识，包括在推理过程中分解的子任务以及推理实现的目标知识。

根据定义 6.2 能很好地刻画知识库"事实–概念–规则"的三级知识体系，但是本体化的炼焦过程知识模型仅仅是为了更好地对炼焦过程知识表示进行概括、抽象，在炼焦过程知识库构建框架中并不能很好地表达知识库更新过程，为此作为对定义 6.2 的补充，在炼焦过程知识库构建框架中引入了本体管理。通过对以上分析的理解，提出了炼焦过程多源异构信息资源本体知识库构建框架，如图 6.12 所示。

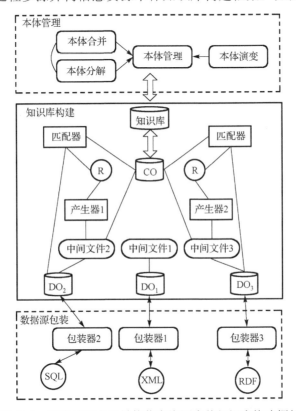

图 6.12　炼焦过程多源异构信息资源本体知识库构建框架

(1)炼焦过程不同数据源转化为 RDF 模型。

需要对不同的炼焦过程数据源进行包装处理，把不同的炼焦过程数据源(SQL 格式的炼焦过程数据、XML 格式的炼焦过程数据、RDF 格式的炼焦过程数据)通过包装器 i 转换为炼焦过程数据源本体 DO_i，不同炼焦过程数据类型转换方式不一样，在实际应用中，包装器 1 是传统包装器(针对 XML 描述的炼焦过程信息或者能结构化描述的炼焦过程信息)，可以使用 Velocity 模板进行转化；包装器 2 是关系数据库包装器，可以使用 D2RQ、SquirrelRDF、Virtuoso 等工具转换为 RDF 图，然后用

SPARQL 进行访问；包装器 3 是关联炼焦过程数据包装器（针对语义 Web 中的 RDF
炼焦过程数据模型），通过 Pubby[174]（关联炼焦过程数据前端）进行 URI 映射，支持
Web 浏览器访问来进行包装处理[170]。该过程中的包装器 i 建立在 RDF(S) 描述与语
义推理的基础上。

（2）炼焦过程本体知识库构建过程。

将转换的不同数据源本体 DO_i 与炼焦过程本体 CO 通过匹配器进行匹配生成对
准规则 R_i，在 R_i 条件下通过中间文件 i 可以建立数据源（XML、SQL、RDF）与炼焦
过程本体 CO 之间的交互，当数据可按照本体进行描述且转换为 RDF 时，将转换的
数据存入知识库中，提供对外访问的接口，方便使用 RDF 查询语言 SPARQL 对知
识进行检索处理。整个过程是本体化知识模型理论的具体实现过程。

（3）炼焦过程本体管理。

炼焦过程本体管理主要是对炼焦过程本体知识库进行更新处理，它作用于炼焦
过程本体知识库构建的整个生命周期，主要涉及炼焦本体合并、炼焦本体分解、炼
焦本体演变。Jena[175]可方便地对 RDF 数据模型进行炼焦本体合并和炼焦本体分解，
炼焦本体演变则需要定义相关的规则，如图 6.13 所示。

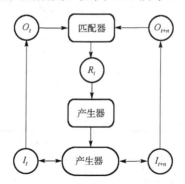

图 6.13　炼焦本体演变过程

通过匹配器建立老版本 O_t 与新版本 O_{t+n} 之间的关系，生成对准规则 R_i，在 R_i
条件下通过产生器生成转换模型，通过转换模型把本体实例 I_t 转换为 I_{t+n}。

6.2.3　多源异构信息资源本体知识库构建算法

基于炼焦过程多源异构信息资源本体知识库构建框架，提出了炼焦过程多源异
构信息资源知识库构建算法，其思想如下。

（1）首先需要对炼焦过程不同数据源进行解析，返回 RDF 描述所需要的三元组
集合。采用 Jena 提供的接口和方法进行处理：首先使用 ModelFactory 类创建 RDF
模型，然后使用 read() 函数读取 RDF 数据，最后使用三元组迭代器 StmtIterator 返
回所解析的三元组集合。

（2）针对不同的炼焦过程领域知识，执行知识收录子算法和知识更新子算法。

（3）使用 RDF 查询语言 SPARQL 对知识进行检索处理：首先将 SPARQL 语句作为字符串输入，然后解析字符串格式生成抽象语法，通过 SPARQL 提供的查询代数定义运算符查询规则，最后在 RDF 图上计算查询结果。

算法　6.1　知识收录子算法 $S::=<subject, predicate, object>|[<subject, predicate, object>]$ 定义 P 为 S 中的一个三元组，数据类型为 Map (key,value) 键值对集合，P 的 (key,value) 键值模式为 (predicate,{subject, object})，其中，key 为标识 ID；

输入：待收录的知识；

输出：知识库 KB。

步骤 1：如果 $S \in KB$ 则结束；否则转步骤 2；

步骤 2：令 $T =$ S.subClassOf，炼焦过程本体知识库 CO，如果 $T \notin CO$，提示错误，结束；否则取出 S 中的一个三 P.object 元组 P，转入步骤 3；

步骤 3：若 P.predicate= "ID"，则为赋予 key 标识 ID 的值，对于当前知识库 KB 的属性集合 PS，如果对 P.predicate$\cup$PS，则根据 RDF 描述中属性类的继承关系收录 predicate，如果对 P.predicate$\notin$PS，则有 PS=PS$\cup${predicate}，转入步骤 4；

步骤 4：令 $S=S-\{P\}$，若 $S=\varnothing$，则该算法结束，否则取出 S 的一个三元组用 P 表示，转步骤 2。

算法 6.2　知识更新子算法。

输入：key 标识 ID 以及待更新部分的三元组表示：PS::={ID}$\cup$<[<subject, predicate, object>]>；

输出：知识库 KB。

步骤 1：如果 key $\notin$ KB.ID，表示知识库中不包含此标识 ID 的知识，算法结束；否则，令 PS=PS−{ID}，取出其中一个三元组 P，转入步骤 2；

步骤 2：取出 P.predicate 进行判断，如果 P.predicate $\notin$ KB.predicate，即表示所描述的主体知识不在知识库中，则遍历输入三元组 P，判断 P.predicate 是已存在资源的子类：如果是则将 p 实例化；如果不是表明是一个新的知识特征，则 KB.predicate=KB.predicate$\cup${P.predicate}，然后再进行实例化，如果 P.predicate $\in$ KB.predicate，直接对 P 实例化，转入步骤 3；

步骤 3：PS=PS−{P}，若 PS=$\varnothing$，则算法结束，否则取出 PS 的一个三元组用 P 表示，转步骤 2。

由上述两个算法可知，算法主要是依次遍历三元组，通过对三元组的属性进行分析实现对知识库的扩充或修改，当遍历三元组结束时，算法也结束。在特定三元组有限情况下，算法步骤也是有限的，则可知算法时间复杂度为 $O(n)$。

6.2.4　实验验证

选用一台高性能服务器对数据进行处理，系统环境是 Java 开发环境：jdk1.5.0，最大堆阈值为 256MB，获取的炼焦过程资源数据集合如表 6.1 所示。通过知识库构建方法对多源异构炼焦过程知识库进行构建，具体构建步骤如下。

表 6.1　炼焦过程资源实验数据集

数据源	文件数/个	实例数/个	三元组数/个	库大小/MB
关系数据库	2	134	2367	1.5
XML	34	767	4783	2.38
Web 网页	67	1023	8921	3.7

（1）使用本体构建工具 Protégé 构建炼焦过程领域知识本体库，建立炼焦过程领域本体与实例之间的 RDF 的关系图。

（2）使用 Jena 提供的接口和方法返回 RDF 描述所需要的三元组集合，循环遍历三元组，并使用知识收录子算法构建知识库，实验记录了每一个数据源执行知识收录子算法所响应的时间，如图 6.14 所示。

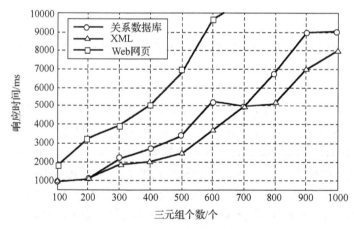

图 6.14　不同数据源知识收录子算法响应时间

（3）使用 SPARQL 查询语言，结合知识更新子算法，遍历三元组，返回 RDF 图上相关查询结果。使用知识更新子算法遍历三元组，不同数据源下针对不同的查询其响应时间如图 6.15 所示。

在单机伪分布环境中，选取图 6.15 中的 Query6 SPARQL 查询语句，结合知识更新子算法，对 RDF 数据源进行算法改进前与改进后 RDFS 推理响应时间分析，如图 6.16 所示。

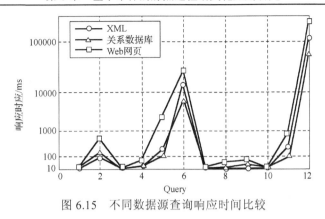

图 6.15　不同数据源查询响应时间比较

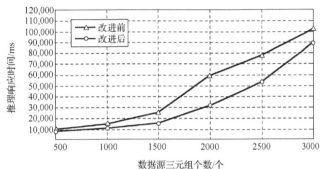

图 6.16　改进前与改进后 RDFS 推理时间比较

通过对图 6.16 进行比较分析可以得出两个结论：①随着数据源三元组个数规模的增大，RDFS 推理响应时间显著加大；②使用知识更新子算法改进后的算法 RDFS 推理响应时间低于改进前的推理算法。

6.3　基于 RDF 图语义推理方法在炼焦过程海量知识处理中的应用

炼焦过程本体推理机制是基于 RDF 图知识的推理，传统 RDF 图[176,177]采用单一的处理机模式进行数据的存储、推理和查询，随着语义网的快速发展，大规模 RDF 图数据的处理及推理机制遇到瓶颈[178-180]，海量 RDF 图推理数据量大，计算需要消耗很长的时间，这使得研究 RDFS 推理的并行化处理变得十分重要，本节在前面得到的 RDF 图分子库的基础上，研究 RDFS 并行化推理机制，最终得到炼焦过程本体 RDFS 推理的并行化解决方案。

6.3.1　炼焦过程 RDF 图分子库构建

定义 6.3　RDF 图。

对于一个给定的 RDF 数据集 D，称图 $RDF\_G(V,E)$ 是关于 D 的 RDF 图。其中，

图 RDF_$G(V,E)$ 的顶点集 V 是 D 中所有主语 S 和宾语 O 的集合；边集 E 满足 $E=\{(S,O)|$ 存在谓语 P，使得三元组 $<S,P,O>$ 属于 $D\}$。

定义 6.4 RDF 图划分。

给定一个 RDF 图 RDF_$G(V,E)$ 和整数 $k(1 \leqslant k \leqslant |V|)$，称 $(V_1,V_2,\cdots,V_k)$ 为 RDF_$G(V,E)$ 的一个划分，如果 $V_1 \cup V_2 \cup \cdots \cup V_k=V$，并且 $V_1,V_2,\cdots,V_k$ 互不相交。

定义 6.5 RDF 图的划分子集。

如果 $(V_1,V_2,\cdots,V_k)$ 是 RDF 图 RDF_$G(V,E)$ 的一个划分，则将 $V_1,V_2,\cdots,V_k$ 这 k 个集合任意组合统称为 RDF_$G(V,E)$ 的划分子集。

定义 6.6 RDF 图分子。

用 W 表示语义环境，分解操作符 $r(\text{RDF\_}G,W)$ 根据语义环境 W 将 RDF_G 分解为子图 RDF_$G^* = \{G_1,G_2,\cdots,G_n\}$，集成操作符 $m(\text{RDF\_}G,W)$ 根据语义环境 W 将所有 RDF_G^* 中子图中的元素关联起来形成全局 RDF 图，则通过无损分解方法 (W,r,m) 把 RDF 图分解为最优无损的小单位图，即 RDF 图分子。当满足条件 RDF_$G = m(r(\text{RDF\_}G,W),W)$ 时，称为 RDF 图的无损分解。

定义 6.7 RDF 图关系型存储模式。

每一个 RDF 图都可以使用 (S,P,O) 三元组 3 个分量进行表示,存储时直接将其 3 个分量存储于含有 3 个数据项的表(三元组表)中，结合关系型数据库特点，可使用垂直三元组存储、水平二元组存储、属性表存储、这三种存储模式称为 RDF 图的关系型存储模式。

定义 6.8 RDF 图分布式存储模式。

每一个 RDF 图三元组 $<S,P,O>$ 都可以转换表示为 $<S,(P,O)>$、$<P,(S,O)>$、$<O,(P,S)>$、$<(S,P),O>$、$<(P,O),S>$、$<(S,O),P>$ 六张索引表，六张索引表都可使用 $<key,value>$ 键值对形式表示，结合分布式文件存储系统，将 RDF 图使用 $<key,value>$ 键值对存储，该存储模式称为 RDF 图的分布式存储模式。

定义 6.9 RDF 图推理规则。

如果 RDF 数据集中包含了某些规则形式化的三元组，则可以根据推理规则在 RDF 数据集中加入由原始数据集包含或经多项连接的规则集推理出来的三元组，定义 RDFS 推理规则如表 6.2 所示。

表 6.2 炼焦过程本体 RDFS 推理规则

规则名	已知条件	推理出的结果
rdfs1	$<s,p,o>$(if o is literal)	_n:rdf:type rdfs:Literal
rdfs2	(p rdfs:domain x) & $<s,p,o>$	s rdf:type x
rdfs3	(p rdfs:range x) & $<s,p,o>$	o rdf:type x
rdfs4	$<s,p,o>$	s||o rdf:type rdfs:Resource

续表

规则名	已知条件	推理出的结果
rdfs5	(p rdfs:subPropertyOf q) & (qrdfs:subPropertyOf r)	p rdfs:subPropertyOf r
rdfs6	p rdf:type rdfs:Class	p rdfs:subPropertyOf p
rdfs7	<s,p,o> & (p rdfs:subPropertyOf q)	<s,p,o>
rdfs8	s rdf:type:Class	s rdfs:subClassOf rdfs:Resourse
rdfs9	(s rdf:type x) & (x rdfs:subClassOf y)	s rdf:type y
rdfs10	s rdf:type rdfs:Class	s rdfs:subClassOf s
rdfs11	(x rdfs:subClassOf y) & (y rdfs:subClassOf z)	x rdfs:subClassOf z
rdfs12	p rdf:type rdfs:ContainerMembershipProperty	p rdfs:type subPropertyOf rdfs.Member
rdfs13	o rdf:type rdfs:Datatype	o rdfs:subClassOf rdfs:Literal

传统 RDF 图分子法是利用近似时间复杂度为 $O(V+E)$ 来区分带有边 E 和顶点 V 的 RDF 子图[181]，不借助任何背景本体，仅仅是用连接两个空结点的箭头来处理连接部分，这样存在的缺陷是缺乏处理三元组歧义能力，不能很好地对原始 RDF 图三元组进行结构表示，导致后期 RDF 数据推理的效率和成功率较低[182,183]。扩展后的 RDF 图分子是由原来的 <S,P,O> 三元组扩展得到五元组 <S,P,O,F,H>，增加了父三元组信息 F 和同一父三元组下的序列信息 H，虽然增加了父子关系，但是在 RDF 图分解的过程中，语义信息会丢失，导致相同领域的 RDF 图存在异构和不一致。本书结合本体映射理论，采用自顶向下逐层分类的本体映射方法对 RDF 图进行分类，最终建立 RDF 图分子库，确保 RDF 图语义信息推理。

定义 6.10 RDF 图本体映射函数表示：

$$\text{Relation}\,(\{e_{p_1}\},\{e_{p_2}\},R_1,R_2) = f$$

给定两个 RDF 图 R_1 和 R_2，从 RDF 图 R_1 到 R_2 的本体映射是指对于 R_1 中的每一个五元组 <S,P,O,F,H>，在 R_2 中找到一个相对应的五元组 <S,P,O,F,H>，并制定它们之间的关系，其中，R_1 是源 RDF 图，R_2 是目标 RDF 图，$e_{p_1} \in R_1$，且 $e_{p_2} \in R_2$，$\{e_{p_1}\} \xrightarrow{\text{Relation}} \{e_{p_2}\}$，$\{e_{p_1}\}$ 和 $\{e_{p_2}\}$ 是集合元素，元素表示 RDF 图中的主语 S、谓语 P、宾语 O 和关系 f 可以是本体映射的几种类型，如 subClass、equivalentClass、superClass、containClass、nullUnionOf、disjointwith、null，当 f 为 null 时，表示 $\{e_{p_1}\}$ 和 $\{e_{p_2}\}$ 没有关系，可以加入 RDF 图分子库中。

根据定义 6.10，采用本体映射相似度方法对 RDF 图进行分割，建立 RDF 图分子库，主要有两个步骤：一是 RDF 图节点相似度计算；二是对 RDF 图概念进行分类，其中，RDF 图节点相似度分为叶子节点相似度和非叶子节点相似度。首先以完全二叉树为基础构造生成一幅 RDF 图，构造规则是上级节点和下级节点分别为主语和宾语，中间加连线为谓语，如三元组 $<V_1,1,V_2>$，$<V_1,1,V_3>$，这里谓语为 1 表示可达，为了便于相似度计算，本书节点相似度遵循如下三条规则：①如果两个节点表达的内容是相似度的，则该节点组成的三元组很可能是相似的；②如果两个节点概念指向同一个叶节点，则这两个概念是相同的；③如果两个概念得到的叶子节点集合高度相似，尽管两个非叶子节点并不完全相似，认为待处理的这两个非叶子节点是相似的，如图 6.17 所示。

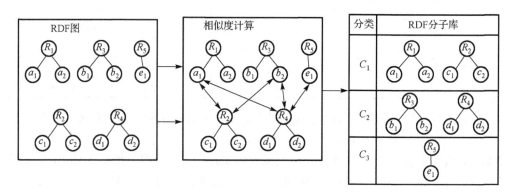

图 6.17　炼焦过程本体 RDF 分子库构建过程

具体算法设计如下。

定义集合元素 $\{e_{p_1}\}$ 和 $\{e_{p_2}\}$，其中，$\{e_{p_1}\} \in R_1$，$\{e_{p_2}\} \in R_2$，相似函数 $\mathrm{sim}(e_1,e_2)$ 表示两节点 e_1 和 e_2 之间的相似度，相似度矩阵 simMatrix，分类函数 $\mathrm{divide}(C,\mathrm{sim},T)$ 表示相似度在阈值 T 临界点时可分为 C 类。

当 $\mathrm{divide}(C,\mathrm{sim},T) = \mathrm{divide}(\{e_{p_1},e_{p_2},\cdots,e_{p_n}\},\mathrm{sim},T) = (C_1,C_2,\cdots,C_n) = K$ 时表示可以进行分类，则对于两个 RDF 图 $G_1 = \mathrm{Graph}(R_1)$ 和 $G_2 = \mathrm{Graph}(R_2)$ 且 $G = G_1 \cup G_2$。

首先需对节点进行相似度计算，主要有以下三种情况。

(1) 当 $\mathrm{sim}(e_1,e_2) < T \,\&\, \mathrm{sim}(e_2,e_1) > T$ 时，将节点 e_2 去除，得关系 $\mathrm{Relation}(e_1,e_2,R_1,R_2) = \mathrm{subClass}$ 和 $\mathrm{Relation}(e_2,e_1,R_1,R_2) = \mathrm{superClass}$。

(2) 当 $\mathrm{sim}(e_1,e_2) > T \,\&\, \&\mathrm{sim}(e_2,e_1) < T$ 时，将节点 e_1 去除，得关系 $\mathrm{Relation}(e_1,e_2,R_1,R_2) = \mathrm{superClass}$ 和 $\mathrm{Relation}(e_2,e_1,R_1,R_2) = \mathrm{subClass}$。

(3) 当 $\mathrm{sim}(e_1,e_2) > T \,\&\, \&\mathrm{sim}(e_2,e_1) > T$ 时，任取一节点去除，得关系 $\mathrm{Relation}(e_2,e_1,R_1,R_2) = \mathrm{equivalentClass}$ 和 $\mathrm{Relation}(e_1,e_2,R_1,R_2) = \mathrm{equivalentClass}$。

其次对结果进行本体映射分类，方法如下。

(1) 在 G 中遍历每一个 G_i，若对每一个 $<e_1,e_2>$ 都在 G_i 中，则计算相似度 $\mathrm{sim}(e_1,e_2)$ 并加入相似度矩阵 simMatrix 中。

(2) 在 G 中遍历每一个 G_i，对每一个 G_i 使用分类函数 $\mathrm{divide}(C,\mathrm{sim},T)$ 进行计算。

(3)遍历每一个 C_i，若存在 $c \in K$，则可以被分类，否则重新建立 G，返回步骤(1)。

(4)根据相似度矩阵 simMatrix 构建五元组<S,P,O,F,H>。

使用该算法得到的五元组<S,P,O,F,H>是存储在关系数据库中的，按照定义6.8(RDF 图分布式存储模式)，使用 HBase 自带的导入功能，可以将关系数据表生成 HFile 文件，然后结合 HBase 提供的 TableOutputFormat 接口，能方便地向HBase 表中导入数据，转化为<key,value>键值对，方便 RDFS 的 MapReduce 并行化实现。

6.3.2 炼焦过程 RDF 图 MapReduce 并行化推理算法设计

MapReduce 是一种编程模型[184-186]，能够处理和生成大型的数据集，它采用分而治之的思想，通过键值对(key,value)的形式表示数据。MapReduce 将数据处理任务抽象为 Map 任务和 Reduce 任务两个阶段，分别完成对数据的过滤处理和聚集处理。

其工作原理是当用户指定一个 map 函数处理键值对(key,value)时，会生成一系列中间键值，然后通过自定义 reduce 函数合并同键值下的所有 value 值。用公式表示如下[187]：

$$map(k_1, v_1) \rightarrow list(k_2, v_2)$$

$$reduce(k_2, list(v_2)) \rightarrow list(v_3)$$

公式首先把原始数据键值对(k_1, v_1)通过用户自定义的 map 函数转换为新的一系列键值对(k_2, v_2)；然后按照用户自定义的 reduce 函数处理$(k_2 list(v_2))$，最终得到$list(v_3)$，保存在分布式文件系统 HDFS 上。

根据定义 6.9(RDF 图推理规则)可知，RDFS 推理规则是 RDF 数据推理的核心，其 RDF 图推理过程可理解为是对 RDF 输入数据反复使用 RDFS 推理规则进行推理的过程。按照推理规则是否只有一个前件将规则分为两类，如表 6.3 所示。

表 6.3　RDFS 推理规则分类

类别	规则集	特点
单前件规则	rdfs1;rdfs4;rdfs6;rdfs8;rdfs10;rdfs12;rdfs13	仅有一个前件，较容易完成推理过程
多前件规则	rdfs2;rdfs3;rdfs5;rdfs7;rdfs9;rdfs11	有多个前件；通过原有三元组进行连接，形成一张关联 RDF 图，从而得到隐含信息；其推理复杂，是影响并行化推理的关键因素

对多前件规则集分析发现：规则 rdfs5 的输出可作为规则 rdfs7 输入；规则 rdfs7的输出可以作为规则 rdfs2 和 rdfs3 的输入；规则 rdfs2、rdfs3 和 rdfs11 的输出可以作为 rdfs9 的输入，它们之间存在规则依赖，如图 6.18 所示。

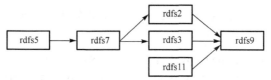

图 6.18　RDFS 规则依赖

按照推理规则优先级和推理价值，可分类如表 6.4 所示。

表 6.4　RDFS 推理价值分类

类别	规则集	特点
低推理价值规则	rdfs1;rdfs4;rdfs12;rdfs13	推理能力弱；使用频率较低
普通推理价值规则	rdfs2;rdfs3;rdfs7	由高推理和低推理三元组混合组成，介于两者之间，有一定推理作用，也有简单描述规则
高推理价值规则	rdfs5;rdfs6;rdfs8;rdfs9;rdfs11	以传递性和属性约束谓词为主的三元组，语义明确，推理性较强

根据以上分析，RDFS 并行化推理机制如图 6.19 所示。

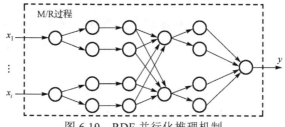

图 6.19　RDF 并行化推理机制

图 6.19 中，x_i 表示多个 rdfs 规则输入，经过 M/R 过程，最终得到结果 y。若 x_i 为高推理价值规则，那么可以根据规则依赖关系得到新的三元组，同时作为低优先级规则的输入，也可以直接输出结果 y；若 x_i 为普通推理价值规则，经过 M/R 过程可以得到高推理价值规则；若 x_i 为低推理价值规则，直接输出结果 y。这样通过反复的推理，最终得到用户所需的结果。

在图 6.19 的 M/R 过程中，多个输入 x_i 经过 Map 阶段产生的大量重复 RDF 数据如果不做任何处理，就直接发送到 Reduce 阶段，将会加大 Reduce 工作负担，并给网络传输造成很大压力，因此需要对 Map 输出的中间结果再进行一次 Combine 方法处理。本书新增的 Combine 方法是处理重复三元组，同时保证在 Reduce 阶段三元组的唯一性，Combine 直接在每一个 Map 节点上运行，与 Reduce 节点在形式上是一致的，根据定义 6.8（RDF 图分布式存储模式）可知，<key,value>键值对可表达为<$P,(S,O)$>形式，RDF 图分子库得到的五元组<S,P,O,F,H>可描述为<$P,(S,O,F,H)$>，这里采用三元组谓语 Predicate 表示 key，五元组{主语 Subject，宾语 Object,F,H}表示 value，这样 RDF 图五元组<S,P,O,F,H>就可以在 MapReduce 上推理且可以在 HBase 进行存储，结合上述公式可定义如下 5 个函数进行描述。

(1) $f_{\text{Map}} :: (k_1, v_1) \to \text{list}(k_2, v_2)$。函数 f_{Map} 在 Map 阶段使用调用，键值对 (k_1, v_1) 表示数据，经过 Map 函数处理以另外形式键值对输出。

(2) $f_{\text{combine}} :: (k_2, \text{list}(v_2)) \to \text{list}(k_2, v_2)$。函数 f_{combine} 用于消去重复的 key 值，保证 key 值的唯一性。

(3) $f_{\text{shuffle}} :: k_2 \to k_3$。函数 f_{shuffle} 用于混洗和分组，该函数以一个中间键值对键值为参数生成一个新的键值，用于键值对的分组。

(4) $f_{\text{sort}} :: k_2 \to k_3 \to \{-1, 0, -1\}$。函数 f_{sort} 用于排序，该函数通过键值的比较对一个组中所有键值对进行排序。

(5) $f_{\text{Reduce}} :: (k_3, \text{list}(v_2)) \to \text{list}(v_3)$。函数 f_{Reduce} 在 Reduce 阶段使用，该函数把接收到的键值和与该键相对应的列表值合并后输出。

根据 RDFS 推理规则分类(表 6.3 和表 6.4)，对海量 RDFS 进行并行化推理需要解决两个问题：一是在对 RDF 分子库进行单前件推理时，需要解决数据重叠问题，保证每一个 key 是唯一的；二是相对于单前件规则，多前件规则是复杂的，需高效利用单前件推理得到的结果集。

对于这两个问题，本书采用两轮 MapReduce 迭代来处理：第一轮迭代针对 RDF 分子库，使用单前件规则进行推理，消去重复的 key 值，并把结果存入 DFS 中；第二轮迭代是在第一轮的基础上，使用多前件规则，高效利用高推理价值规则，具体算法如图 6.20 所示。

(1) 第一轮 MapReduce 迭代：使用单前件规则对 RDFS 并行化推理，消除重叠问题。

算法 6.3(MCR 算法)　使用 Map-Combine-Reduce 过程对 RDF 分子库进行 MapReduce 迭代。

输入：定义 RDF 分子库集合 $C = C_1 \cup C_2 \cup \cdots \cup C_n$，且五元 $\text{Quintuple}(S, P, O, F, H)$，键值对 (key, value) 表示 $(\text{Quintuple.predicate}, \{\text{Quintuple.subject}, \text{Quintuple.object}, F, H\})$；

输出：五元组 $\text{Quintuple}(S, P, O, F, H)$。

步骤 1：(Map 阶段) 遍历 RDF 分子库集合 C，对五元组 $\text{Quintuple}(S, P, O, F, H)$，提取谓语 P 作为 key 值，存在如下几种情况：

① (rdfs1/rdfs4 规则) 当五元组 Quintuple 的谓语 Quintuple.predicate＝"rdf:type"，输出当前五元组 (key, value)：("rdf:type", $\{S, O, F, H\}$)，然后对其进行推理；

② (rdfs6/rdfs8/rdfs10 规则) 当五元组 Quintuple 的谓语 Quintuple.predicate = "rdf:object (subClass)"，输出当前五元组 (key, value)：("rdf:subClass", $\{S, O, F, H\}$)，然后对其进行推理；若递归得到 Quintuple.object 下的所有子类，加载到类数组 ArrayClasses 中，遍历 ArrayClasses 中所有 class，输出所有五元组 (key, value)：("rdf:subClass", $\{\text{Quintuple.subject}, \text{class}, F, H\}$)；

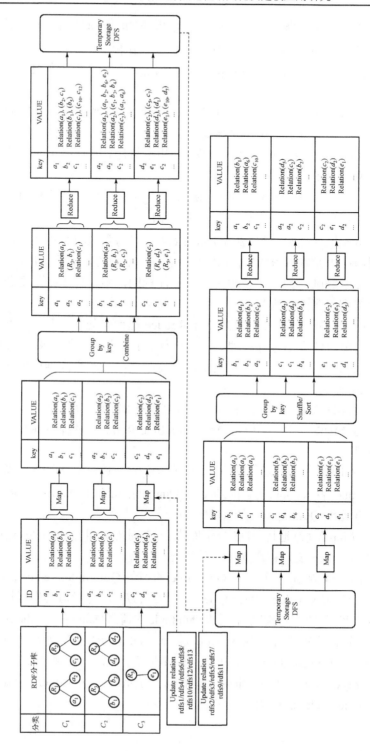

图 6.20 炼焦过程本体 RDFS 两轮 MapReduce 迭代并行化实现

③（rdfs12/rdfs13 规则）当五元组 Quintuple 的谓语 Quintuple.predicate ="rdf:object (subPropertyOf)"，输出当前五元组（key, value）:("rdf:subPropertyOf", {S, O, F, H}），然后对其进行推理；若递归得到 Quintuple.object 下的所有子类，加载到属性数组 ArrayProperties 中，遍历 ArrayProperties 中所有属性，输出所有五元组（key, value）:("rdf: subPropertyOf", {Quintuple.subject, class, F, H}）。

步骤 2：（Combine 阶段）将谓语 key 和{主语，宾语，F，H}集合 value 输入到合并处理 combine 中，遍历集合 values，对 values 中每一个 value 唯一性进行判断，若不唯一则删除该键值对（key, value）。

步骤 3：（Reduce 阶段）将 Combine 阶段处理过的谓语 key 和{主语，宾语，F，H}集合 values 输入到 reduce 中，遍历集合 values，对 values 中每一个 value 进行唯一性判断，若 value 唯一，则将键值对（key, value）重组成五元组，临时存储在 DFS 中。

（2）第二轮 MapReduce 迭代：使用多前件规则对 RDFS 并行化推理，高效利用高推理价值规则。

算法 6.4（MSR 算法）　使用 Map-Shuffle/Sort-Reduce 过程对第一轮迭代结果进行 MapReduce 迭代。

输入：定义临时存储库 DFS 且用五元组 Quintuple(S, P, O, F, H)进行存储，键值对（key, value）表示为（Quintuple.predicate, {Quintuple.subject, Quintuple.object, F, H}）；

输出：五元组 Quintuple(S, P, O, F, H)。

步骤 1：（Map 阶段）遍历临时存储库 DFS，对五元组 Quintuple(S, P, O, F, H)，提取谓语 P 作为 key 值，存在如下几种情况：

①（rdfs2 规则）对于五元组 Quintuple，当 domains.contains(Quintuple.predicate)，输出当前五元组（key,value）:(Quintuple.predicate,{S,O,F,H}），然后对其推理；若递推得到 Quintuple.object 下的所有 type，加载到实例类数组 ArrayTypes 中，遍历 ArrayTypes 中所有 type，输出所有五元组（key,value）:("rdf:type",{Quintuple. subject,type,F,H}）；

②（rdfs3 规则）对于五元组 Quintuple，当 ranges.contains(Quintuple.predicate)，输出当前五元组（key,value）:(Quintuple.predicate,{S,O,F,H}），然后对其推理；若递推得到 Quintuple.object 下的所有 type，加载到实例类数组 ArrayTypes 中，遍历 ArrayTypes 中所有 type，输出所有五元组（key,value）:("rdf:type", {Quintuple. object,type,F,H}）；

③（rdfs5/rdfs7 规则）对于五元组 Quintuple，当 subProperties.contains(Quintuple. predicate)，输出当前五元组（key,value）:(Quintuple.predicate,{S,O,F,H}），然后对其推理；若递推得到 Quintuple.object 下的所有子属性，加载到属性数组 ArrayProperties 中，遍历 ArrayProperties 中所有 superProperty，输出所有五元组（key,value）:(superProperty,{Quintuple. subject,Quintuple. subject.object,F,H}），同时将输出的五元组应用于 rdfs2 和 rdfs3 中；

④(rdfs9/rdfs11 规则)当五元组 Quintuple 的谓语 Quintuple.predicate="rdf:object
(subClass)"，输出当前五元组(key,value)：("rdf:subClass",{S,O,F,H})，然后对其进
行推理；若递归得到 Quintuple.object 下的所有子类，加载到类数组 ArrayClasses 中，
遍历 ArrayClasses 中所有 class，输出所有五元组(key,value)：("rdf:subClass",
{$Quintuple.subject,class,F,H$})。

步骤 2：(Shuffle/Sort 阶段)该阶段主要有两个好处：一是能最大化减小 task 任
务执行导致的网络消耗，由于 task 任务在 map 端、reduce 端是执行在不同的节点上，
reduce 需要跨节点去拉取其他节点上的 map task 结果，这会导致严重网络消耗，
shuffle 阶段减小了磁盘 I/O 对 task 执行的影响；二是当 RDFS 进行复杂推理时，会
先对写入内存分区数据使用 Sort 进行排序，标志不同 shuffle file 偏移量，减小输出
文件过多的问题。由于 rdfs9 规则可以通过 3 条路径推理得到，所以该阶段在处理
推理产生 rdfs9 规则时显得尤为重要。

步骤 3：(Reduce 阶段)遍历集合 values 中，对 values 中每一个 value 进行唯一
性判断，若 value 唯一，则将键值对(key,value)重组成五元组，存储在<$S,<P,O,F,H>$>、
<$O,<S,P,F,H>$>、<<$S,O>,<P,F,H>$>表中。

6.3.3　实验验证

根据 Hadoop 官方项目介绍方法配置 Hadoop2.0 版本集群[188-192]：实验环境包含
一个含有 16 个节点的 Hadoop 集群，两个主节点 NameNode 和 JobTracker，14 个从
节点配置 CPU 型号为 Intel Xeon X3330，内存为 8GB，硬盘为 2TB SATA，板载 Intel
双千兆网络控制器，集群使用操作系统 Redhat Enterprise Linux Server 6.0，开发环
境为 Java SE 1.6，HBase 1.0 版本。

炼焦过程 RDF 图数据准备过程如下。

(1)对炼焦过程 OWL 本体定义文件进行解析，创建 OWLClass 和 OWLProperty
存储本体中的类和本体中的属性信息，为每个类创建两张表，命名为类名_S-POFH
和类名_O-SPFH。

(2)创建 RDFType 表和 RDFInstance 表。

(3)用炼焦过程数据生成器生成 RDF 数据。

实验数据准备好后，构建 RDF 图分子库。实验得到的是五元组<S,P,O,F,H> RDF
图分子库，由于起始生成的 RDF 图是由完全二叉树建立的，而完全二叉树的层数与
算法的时间复杂度有关，因此根据 RDF 图级数(完全二叉树层数)不同，对不同规模
的 RDF 图构建分子库的时间性能进行测量，实验遵循以下三点。

(1)对每个数据集进行 3 次实验，每次实验选取不同时间段，每次实验测试 RDF
图分解算法 3 次，得到一个平均值，最后对 3 次实验得到的平均再求平均，以保证
数据和结果的随机性。

(2)实验结果来自同一处理机，避免机器性能的不同而导致 RDF 图分解产生时间差异。

(3)得到的结果用关系型数据库进行存储。

最终的实验结果如表 6.5 所示。

表 6.5　RDF 图分子库构建用时

数据集	RDF 图级数	RDF 图节点数量	第一次/ms	第二次/ms	第三次/ms	平均值/ms
D1	7	243	245.6	257.3	232.7	245.2
D2	8	634	934.7	957.8	946.2	946.2
D3	9	1156	2356.7	2557.5	2338.9	2417.7
D4	10	2794	5678.9	5968.2	5873.7	5840.3
D5	11	5321	11278.6	11558.7	11468.9	11435.4
D6	12	13643	26678.5	28467.2	27789.8	27645.2
D7	13	23589	52476.3	55789.5	54289.6	54185.1

实验得到的数据是存储于关系数据库中的，使用 HBase 自带的导入功能，将关系数据表生成 HFile 文件，然后使用 HBase 提供的 TableOutputFormat 向 HBase 表中导入数据，转化为 MapReduce 需要的<key,value>键值对。

1.　数据可扩展性测试

实验基于 RDFS 推理的 MapReduce 并行化算法，对推理产生的新数据集合进行查询测试，实验遵循以下两点：①实验比较对象是使用和未使用 MapReduce 并行化算法，对两者进行比较；②为避免误差，实验中每个数据集都运行 3 次，并以 3 次运行测试的推理响应时间的平均值作为最终响应时间。经过测试得到的实验结果如图 6.21 所示。

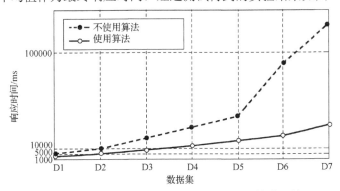

图 6.21　RDFS 推理的 MapReduce 并行化算法比较

通过实验分析可知，RDFS 推理的 MapReduce 并行化算法比未使用算法直接推理效果好很多，随着数据集规模的增大，RDFS 推理响应时间明显增加，通过利用 RDFS 推理规则之间的关系，自定义的 Map 函数、Combine 函数、Reduce 函数设计 MapReduce 并行化算法具有较好的数据可扩展性。

2. 算法可扩展性测试

实验为了观察随着集群规模的变化，算法的性能变化情况，选择了数据集 D7，对算法的可扩展性进行测试，测试结果如图 6.22 所示。

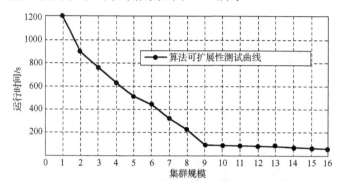

图 6.22　集群规模节点数–算法运行时间

实验中集群计算规模从 1 个节点增加到 16 个节点，图 6.22 所示为算法可扩展性变化曲线。横坐标表示计算节点数，纵坐标表示每个节点算法的运行时间。由图 6.22 可知，算法在小于 9 个节点时随集群节点数的增加呈下降趋势，大于 9 个节点之后趋于平缓，该下限取决于单个处理器对数据块处理的所需时间和算法的并行化额外开销。

3. MCR 算法和 MSR 算法 Reduce 任务执行时间比

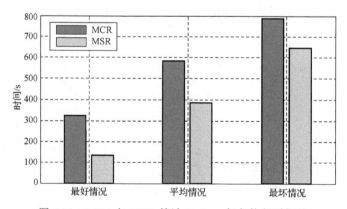

图 6.23　MCR 与 MSR 算法 Reduce 任务执行时间比

图 6.23 所示为 MCR 算法与 MSR 算法在 Reduce 阶段任务执行时间比。从图 6.23 中可以看出，Reduce 阶段 MSR 算法时间在最差情况、平均、最好情况下都优于 MCR 算法，这是因为在整个作业时间中，MCR 算法在 Reduce 阶段处理数据量较大，MSR 是在单前件规则基础上进行的多前件规则,满足实际的算法需要,表明在第一轮 MapReduce

迭代并行化算法的基础上，通过第二轮 MSR 算法 Reduce 任务节点的数据倾斜问题得到了改善同时减少了其作业运行的平均时间，从而提高了整个作业任务的完成时间。

炼焦过程本体 RDF 图的 MapReduce 并行化推理方案，能有效地增强炼焦过程本体 RDF 图推理的语义功能，减少炼焦过程语义歧义，方便炼焦过程辅助决策系统的构建。

6.4　基于语义推理的炼焦过程耗热量影响因素优化设计

6.4.1　炼焦过程的耗热量影响因素分析

从各大钢铁企业大量的生产数据中，选取了某焦化厂 2015～2016 年的全部生产数据作为分析样本。基于专家经验分析，查阅了大量的专业文献，选定了结焦时间、加煤量（单孔）、推焦系数 k_1、推焦系数 k_2、推焦系数 k_3、炉温系数（安定系数）、炉温系数（均匀系数）、加煤合格系数、焦炉煤气主管压力、焦炉煤气主管流量、高炉煤气机侧压力、高炉煤气机侧流量、高炉煤气焦侧压力、高炉煤气焦侧流量、烟道气机侧吸力、烟道气焦侧吸力、烟道气机侧温度、烟道气焦侧温度、直行机侧温度、直行焦侧温度、煤的水分等 21 个影响炼焦耗热量因素进行分析。选取结焦时间、直行机侧温度、直行焦侧温度、均匀系数 4 个因素进行分析，如图 6.24～图 6.27 所示。

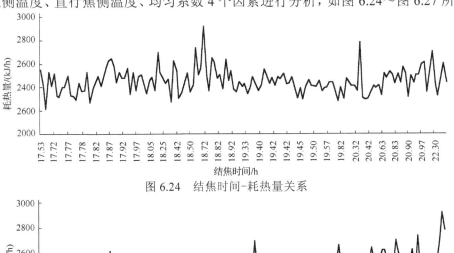

图 6.24　结焦时间-耗热量关系

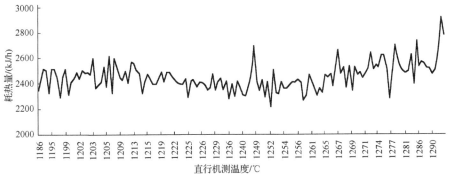

直行机测温度/℃

图 6.25　直行机侧温度-耗热量关系

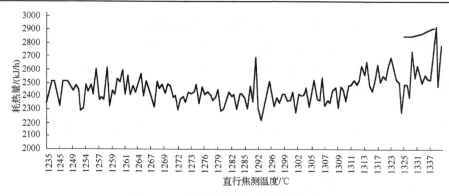

图 6.26　直行焦侧温度-耗热量关系

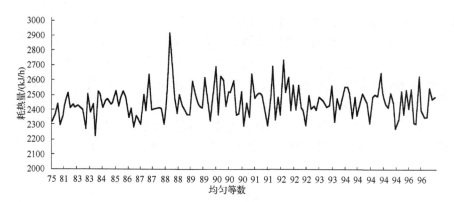

图 6.27　均匀系数-耗热量关系

从单因素分析中可以看出，炼焦耗热量与某个单独因子之间并没有明显的直接关联，无法从单因素的角度分析耗热量的变化趋势，必须采用多因素组合的分析方式来评价炼焦耗热量与焦炉生产管理和焦炉加热制度的关系。

然而，影响炼焦耗热量的因素众多，存在大量不同的组合方式，难以进行估计和优化系数；另外这些因素之间存在某些关联关系，导致信息冗余，因此，要从众多因素中进行甄别和筛选。通过单因素分析发现，推焦系数 $k_1 \sim k_3$ 与炼焦耗热量之间的关联很不明显，不作为主要影响因素考虑；炉温系数（安定系数）由均匀系数计算得到，所以炉温系数的影响只考虑均匀系数；加煤合格系数通过加煤量（单孔）足以表征，不再作计算；在焦炉煤气作为加热燃气的条件下，高炉煤气数据均为 0，不需要计算，反之亦然；焦炉煤气主管压力常设为固定值，对炼焦耗热量基本没有影响；烟道气温度的变化来自于烟道吸力的调节，烟道气温度也不作为主要影响因素考虑。综上所述，本书选取结焦时间、加煤量（单孔）、焦炉煤气主管流量、炉温系数（均匀系数）、烟道气机侧吸力、烟道气焦侧吸力、直行机侧温度、直行焦侧温度和煤的水分这 9 个主要影响因素进行分析。

6.4.2　基于语义规则的炼焦过程耗热量影响因素优化

从数据中发现知识变得越来越重要，知识表示和推理一直被认为是知识工程的核心问题[193]。基于模糊语义规则的系统作为一种重要的知识发现技术可以有效地解决知识表示和推理问题，其通过模糊规则表示知识并采用模糊逻辑推理运用知识。通常来讲，对于数据分析，基于模糊语义规则的方法能更有效地解决数据的不确定性，对数据的描述更符合实际，其分析性能较高且易于理解。因此，在以上研究的基础上，为了更准确地描述出炼焦过程中 9 个主要影响因素与耗热量之间的关系，以达到在焦炭质量合格的同时保证耗热量较低的优化目标，本章采用公理模糊集（axiomatic fuzzy set，AFS）理论[194-196]。首先对炼焦过程耗热量 9 个主要影响因素进行语义分析，挖掘内在的模糊语义规则，构建模糊语义规则库。然后，通过模糊语义规则的评价，定义各影响因素的关键语义提取算法，最终实现炼焦过程耗热量影响因素优化。

为了直观地解释基于模糊语义规则的描述方法，本书以某大型钢铁企业的实际炼焦过程的生产数据为基础，以平均耗热量为界限，将数据分为耗热量偏高和偏低的两类数据样本，通过 AFS 理论对影响耗热量的 9 个主要因素进行模糊语义描述，并提取挖掘内在模糊语义规则库，最终得出耗热量偏低的样本数据的最优描述。关于 AFS 理论的详细介绍参见文献[197]，下面主要给出炼焦过程耗热量影响因素优化所涉及的相关知识和模糊规则提取算法。

1.　模糊语义表达及逻辑运算

假设炼焦过程生产数据为 N 个样本，将 9 个主要影响因素作为样本属性，分别为结焦时间 f_1、加煤量（单孔）f_2、焦炉煤气主管流量 f_3、炉温系数（均匀系数）f_4、烟道气机侧吸力 f_5、烟道气焦侧吸力 f_6、直行机侧温度 f_7、直行焦侧温度 f_8、煤的水分 f_9。令 $X=\{x_1, x_2, \cdots, x_N\}$ 是 N 条生产情况，$x_i \in R^9 (i=1,2,\cdots,N)$ 是第 i 条生产数据的情况，则 $X=[x_{i,j}]$ 是一个 $N\times 9$ 矩阵，$x_{i,j}$ 表示样本 x_i 在第 j 个属性上的值。假设有两个模糊规则如下。

R1:IF $x_{i,4}$ 是炉温系数高 and $x_{i,5}$ 是烟道气机侧吸力小 and $x_{i,6}$ 是烟道焦侧吸力小，THEN 样本 x_i 属于耗热量偏低。

R2:IF $x_{i,4}$ 是炉温系数高 and $x_{i,8}$ 是直行焦侧温度适中 and $x_{i,9}$ 是煤的水分小，THEN 样本 x_i 属于耗热量偏低。

假设 $M=\{m_{j,r}|1\leqslant j\leqslant 9,1\leqslant r\leqslant 6\}$ 是定义在数据集 X 上的模糊语义，这里的模糊语义 $m_{j,r}$ 描述具体如表 6.6 所示。

表 6.6　炼焦过程耗热量主要影响因素及其简单语义

属性/影响因素	较长/大/高	非长/大/高	适中	非适中	较短/小/低	非短/小/低
结焦时间 f_1	$m_{1,1}$	$m_{1,2}$	$m_{1,3}$	$m_{1,4}$	$m_{1,5}$	$m_{1,6}$
加煤量(单孔) f_2	$m_{2,1}$	$m_{2,2}$	$m_{2,3}$	$m_{2,4}$	$m_{2,5}$	$m_{2,6}$
焦炉煤气主管流量 f_3	$m_{3,1}$	$m_{3,2}$	$m_{3,3}$	$m_{3,4}$	$m_{3,5}$	$m_{3,6}$
炉温系数(均匀系数) f_4	$m_{4,1}$	$m_{4,2}$	$m_{4,3}$	$m_{4,4}$	$m_{4,5}$	$m_{4,6}$
烟道气机侧吸力 f_5	$m_{5,1}$	$m_{5,2}$	$m_{5,3}$	$m_{5,4}$	$m_{5,5}$	$m_{5,6}$
烟道气焦侧吸力 f_6	$m_{6,1}$	$m_{6,2}$	$m_{6,3}$	$m_{6,4}$	$m_{6,5}$	$m_{6,6}$
直行机侧温度 f_7	$m_{7,1}$	$m_{7,2}$	$m_{7,3}$	$m_{7,4}$	$m_{7,5}$	$m_{7,6}$
直行焦侧温度 f_8	$m_{8,1}$	$m_{8,2}$	$m_{8,3}$	$m_{8,4}$	$m_{8,5}$	$m_{8,6}$
煤的水分 f_9	$m_{9,1}$	$m_{9,2}$	$m_{9,3}$	$m_{9,4}$	$m_{9,5}$	$m_{9,6}$

这样前面所述的两个模糊规则可以改写为如下形式。

R1:IF x_i 是 $m_{4,1}$ and $m_{5,5}$ and $m_{6,5}$，THEN 样本 x_i 属于耗热量偏低。

R2:IF x_i 是 $m_{4,1}$ and $m_{8,3}$ and $m_{9,5}$，THEN 样本 x_i 属于耗热量偏低。

对于 M 的任何非空子集 A 中的所有模糊语义 $m_{j,r}$ 称为简单语义，对所有模糊语义进行合取运算，即逻辑运算 "and"，是一个新生成的模糊概念，这样可以将上面的模糊规则进一步改写为如下形式。

R1:IF x_i 是 $m_{4,1}\,m_{5,5}\,m_{6,5}$，THEN 样本 x_i 属于耗热量偏低。

R2:IF x_i 是 $m_{4,1}\,m_{8,3}\,m_{9,5}$，THEN 样本 x_i 属于耗热量偏低。

对于 M 的若干任意非空子集 A_i 进行析取运算，即逻辑运算 "or"，同样可以生成一个新的模糊概念。例如，$A_1=\{m_{4,1},m_{5,5},m_{6,5}\}$，$A_2=\{m_{4,1},m_{8,3},m_{9,5}\}$，则由 A_1 和 A_2 的内部语义析取 $m_{4,1}\,m_{5,5}\,m_{6,5}$ 和 $m_{4,1}\,m_{8,3}\,m_{9,5}$ 进行 "or" 运算，生成的新的模糊概念 $m_{4,1}\,m_{5,5}\,m_{6,5}+m_{4,1}\,m_{8,3}\,m_{9,5}$ 语义为 "炉温系数高并且烟道气机侧吸力小并且烟道气焦侧吸力小，或者炉温系数高并且直行焦侧温度适中并且煤的水分小"（其中，"+" 表示逻辑运算 "or"），称 $m_{6,5}\,m_{7,1}+m_{4,1}\,m_{5,5}\,m_{6,5}$ 为一个复杂概念或复杂语义。

这样前面所示的两条模糊规则可以进一步改写如下。

R:IF x_i 是 $m_{6,5}\,m_{7,1}+m_{4,1}\,m_{5,5}\,m_{6,5}$，THEN x_i 属于耗热量偏低。

2. 模糊语义隶属函数

定义 6.11　M 是数据集 X 上的模糊语义集合，对于 $A\subseteq M, x\in X, A^\tau(x)$ 定义如下[198]:

$$A^\tau(x)=\left\{y\in X\,\middle|\,\tau_m(x,y),\forall m\in A\right\} \tag{6.1}$$

式中，τ_m 表示概念 $m\in M$ 上的一个二元关系；$\tau_m(x,y)$ 表示样本 x 属于 m 的程度大于或者等于样本 y 属于 m 的程度；$A^\tau(x)$ 表示数据集 X 的一个子集，即 $A^\tau(x)\subseteq X$，(M,τ,X) 称为 AFS 机构，用来刻画数据结构。

定义 6.12　对于给定模糊概念 $\alpha \in \text{EM}$，$\mu_\alpha : X \to [0,1]$，称 μ_α 为 AFS 隶属函数，如果 μ_α 满足[198]：

① $\forall \alpha, \beta \in \text{EM}$，$\forall x \in X$，且 $\alpha \leqslant \beta$，则 $\mu_\alpha(x) \leqslant \mu_\beta(x)$；

② $\forall \alpha = \sum\limits_{i=1}^{s} \left(\prod\limits_{m \in A_i} m \right) \in \text{EM}$，$\forall x \in X$，如果 $A_i^\tau(x) = \varnothing$，$1 \leqslant i \leqslant s$，则 $\mu_\alpha(x) = 0$；

③ $\forall A \subseteq M$，$\forall x, y \in X$，$\alpha = \prod\limits_{m \in A} m$，如果 $A^\tau(x) \in A^\tau(y)$，则 $\mu_\alpha(x) \leqslant \mu_\alpha(y)$；

④ $\forall A \subseteq M$，$\forall x, y \in X$，$\alpha = \prod\limits_{m \in A} m \in A^m$，如果 $A^\tau(x) = X$，则 $\mu_\alpha(x) = 1$。

定义 6.13　令 M 是数据集 X 上的模糊语义集合，$m \in M$，$\rho_m : X \to [0, +\infty]$，称 ρ_m 是简单概念 m 的权重函数，如果满足[198]：① $\forall x \in X$，如果 x 不属于 f，则 $\rho_m(x) = 0$；② $\forall x, y \in X$，如果 x 属于 m 的程度大于 y 属于 m 的程度，则 $\rho_m(x) < \rho_m(y)$。

AFS 隶属函数是建立在逻辑基础上的，需要给定权重函数，AFS 隶属函数仅受到数据分布和模糊语义的权重函数影响。因此，AFS 隶属函数不需要专家经验确定参数，只需要给定语义和权重函数。在实际中权重函数也常常通过语义和数据的分布来确定。这里 AFS 隶属函数的具体确定方案如下[193]。

(1) 将每个属性的样本空间压缩到[0,1]区间，采用线性变换的方式，保持数据的概率分布，公式为 $f_j = (f_j - \min(f_j)) / (\max(f_j) - \min(f_j))$。

(2) 每个属性 $f_j(j=1,2,\cdots,9)$ 上，采用简单且易理解的三角形权重函数 wf_1、wf_2 和 wf_3（图 6.28），分别表示"短/小/低"、"适中"、"长/大/高"的语义。

(3) 对于任意概念 α 的 AFS 隶属函数按照如下公式给出：

$$\mu_\alpha(x) = \sup_{1 \leqslant i \leqslant S} \frac{\left| \left\{ y \in X \mid \tau_m(x,y), \forall m \in A_i \right\} \right|}{|X|} \tag{6.2}$$

式中，τ_m 表示概念 $m \in M$ 上的一个二元关系；$\tau_m(x,y)$ 表示样本 x 属于概念 m 的程度大于或者等于样本 y 属于 m 的程度。

如上定义的隶属函数只利用了数据在每一个属性上的序关系，可以应用于各种类型的数据，包括布尔型、序关系型、数值型，能够更全面、客观、合理地刻画特征属性。

以属性加煤量 f_2 为例，根据以上定义分别可以得到概念"短/小/低"、"适中"、"长/大/高"隶属函数，如图 6.29 所示。AFS 理论依据特征的实际属性分布构建隶属函数，而不是主观定义隶属函数，以避免因主观认知差异而产生的不准确性。通过该隶属函数构建的语义可以进行逻辑规则运算，能够更全面地刻画特征属性。因此，相比于传统方法，该方法对特征属性的描述更加客观、合理，且符合人的认知逻辑[199]。

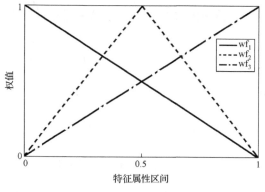

图 6.28　三角形权重函数

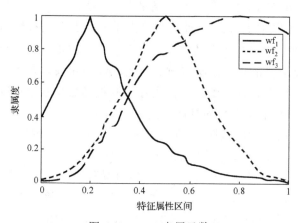

图 6.29　AFS 隶属函数

3. 模糊语义规则提取

基于炼焦过程耗热量影响因素的语义描述和逻辑运算及隶属函数,进一步挖掘能耗偏高和偏低两类生产数据的内在属性特征,进而提取能耗偏低类数据的语义规则库,具体算法如下。

算法 6.5(语义规则提取算法)。

输入:X: $N \times S$ 矩阵,N 个炼焦过程数据样本,S 个耗热量影响因素属性;设定筛选炼焦耗热量的简单语义阈值 σ_1 和复杂语义阈值 σ_2;初始化三角函数权重矩阵 $P(p_{i,j}, 1 \leqslant i \leqslant S, 1 \leqslant j \leqslant k)$,其中 $p_{i,j}$ 表示划分属性的语义节点值,即第 i 种特征的第 j 类语义划分值,k 表示将第 i 个特征划分为 k 种语义描述;

输出:$\overline{\varTheta}^{C_i}$ 为第 C_i 类炼焦耗热量语义规则库。

步骤 1:根据 P 中的元素值 $p_{i,j}$,产生出描述不同属性 f 的简单语义及其对应的“非”语义的简单语义集 $M = \left\{ \sum m_s \mid 1 \leqslant s \leqslant 2kS \right\}$;

步骤 2：提取样本 x_i 的简单语义集 $M_{x_i}^{\text{select}}$；

```
For s=1:1:2Ks
    If μ_ms(x_i)-σ_1≥0
        M_x_i^select {end+1}=m_s
    End If
End For
```

步骤 3：利用样本 x_i 的简单语义集 $M_{x_i}^{\text{select}}$ 中的简单语义，构造描述 x_i 的复杂语义集 Θ^{x_i}；

步骤 4：从 Θ^{x_i} 中筛选刻画样本 x_i 的复杂语义集 $\Theta_{x_i}^{\text{select}}$；

```
For u=1:1:length(Θ^x_i)
    If μ_A_u(x_i)-σ_2≥0//A_u={ Σ m_s | m_s ∈ M_x_i^select }
        Θ_x_i^select {end+1}= A_u
    End If
End For
```

步骤 5：提取 $\Theta_{x_i}^{\text{select}}$ 中 x_i 的最佳描述 $A_{x_i}^{\text{select}}$；$A_{x_i}^{\text{select}} = \max\{R_{A_u}^{x_i}\}$，其中，$R_{A_u}^{x_i} = \mu_{A_u}(x_i) - \mu_{\max}$，$\mu_{\max}(x_r) = \max\{\mu_{A_u}(x_r) \mid x_r \notin X_{C_i}\}$；

步骤 6：$\Theta^{C_i} = \sum A_{x_i}^{\text{select}} = A_{x_1}^{\text{select}} \vee A_{x_2}^{\text{select}} \vee \cdots \vee A_{x_i}^{\text{select}} \ (x_i \in X_{C_i})$。

考虑到计算量和复杂程度，此处将语义概念长度的最大值设为 4，即新的语义概念最多由 4 个单一简单概念合取而成。另外，算法 6.5 中简单语义阈值 σ_1 和复杂语义阈值 σ_2 分别设置为 0.8 和 0.75，并以图 6.28 所示的三角形权重函数作为初始化权重矩阵。通过计算，分别得到两类即炼焦耗热量偏低和偏高的语义规则库。实验结果形成的两类规则库均是由若干个长度不超过 4 的语义概念析取而得到的复杂语义概念。为了对炼焦过程耗热量影响因素进行优化，这里只对炼焦耗热量偏低的语义规则库进行分析。换言之，只考虑使得炼焦耗热量偏低的语义规则库，并通过这些语义规则的指导，实现炼焦过程中耗热量影响因素的优化。因此可以得到，耗热量偏低的语义规则库是由 44 个语义概念(规则)析取而组成的一组复杂概念，长度为 2、3 和 4 的语义规则分别有 14 个、21 个和 9 个，如表 6.7 所示。

表 6.7　耗热量偏低类的复杂语义集

复杂语义集
$\{m_{1,2}m_{5,1}+m_{1,2}m_{8,3}+m_{6,5}m_{7,3}+m_{7,3}m_{9,1}+m_{2,2}m_{6,5}+m_{2,5}m_{4,3}+m_{2,2}m_{9,5}+m_{2,5}m_{5,3}+m_{5,3}m_{9,3}+m_{4,5}m_{8,3}+m_{2,2}m_{4,2}+m_{2,5}m_{4,2}+m_{1,3}m_{7,5}$ $+m_{1,3}m_{7,2}+m_{1,2}m_{1,4}m_{4,3}+m_{1,2}m_{1,4}m_{9,5}+m_{4,1}m_{5,5}m_{6,5}+m_{1,3}m_{4,1}m_{5,4}+m_{4,1}m_{8,3}m_{9,5}+m_{4,6}m_{5,3}m_{9,5}+m_{1,5}m_{4,1}m_{5,3}+m_{2,2}m_{4,1}m_{8,3}+m_{4,1}$ $m_{9,2}m_{9,4}+m_{2,5}m_{4,4}m_{4,6}+m_{6,3}m_{8,3}m_{9,5}+m_{4,3}m_{5,3}m_{9,1}+m_{3,2}m_{7,5}m_{9,1}+m_{3,2}m_{3,4}m_{7,2}+m_{4,5}m_{6,5}m_{8,5}+m_{3,5}m_{4,2}m_{4,4}+m_{3,3}m_{4,5}m_{8,2}+m_{1,3}m$ $_{3,5}m_{8,5}+m_{1,3}m_{2,1}m_{3,5}+m_{2,3}m_{7,5}m_{9,1}+m_{2,6}m_{8,5}m_{9,1}+m_{2,5}m_{6,5}m_{9,2}m_{9,4}+m_{1,4}m_{3,4}m_{4,2}m_{4,4}+m_{1,4}m_{3,2}m_{3,4}m_{4,4}+m_{1,4}m_{1,6}m_{3,4}m_{4,4}+m_{1,1}$ $m_{3,2}m_{5,5}m_{8,4}+m_{6,5}m_{7,4}m_{8,2}m_{8,4}+m_{6,5}m_{7,2}m_{8,2}m_{8,4}+m_{6,5}m_{7,2}m_{7,4}m_{8,4}+m_{2,1}m_{4,1}m_{8,5}m_{9,6}\}$

4. 模糊语义规则评价

然而，通过上述语义规则提取算法得到的语义集所包含的语义规则数较多，不利于明确表达能耗偏低类的影响因素特征。为此，本书通过使用文献[199]中构建语义评价函数 ω，对能耗偏低类的语义规则集 Θ^{C_i} 中的语义 A_v 进行评价，以便在实际应用中提取评价函数值较高的语义规则，从而构建炼焦耗热量偏低类的语义规则集。评价函数 ω 定义如下：

$$\omega(A_v) = \rho(A_v) \square \sigma^*(\mu_{A_v}(X_{C_i}), \bar{\mu}_{\Theta^{C_i}}(X_{C_i})), \quad A_v \subset \Theta^{C_i} \tag{6.3}$$

式中，$\rho(A_v)$ 表示语义 A_v 在语义集 Θ^{C_i} 中的权重。

$$\rho(A_v) = \frac{\sum\limits_{i \in C_i} \mu_{A_v}(x_i)}{\sum\limits_{A_v \in \Theta^{C_i}} \sum\limits_{i \in C_i} \mu_{A_v}(x_i)}, \quad A_v \subset \Theta^{C_i}; x_i \subset X_{C_i} \tag{6.4}$$

$$\mu_{A_v}(x_i) = \sup_{i \in C_i} \inf_{m \in A_v} \frac{\sum\limits_{u \in A_v^\tau(x_i)} \rho_m(u) N_u}{\sum\limits_{u \in X_{C_i}} \rho_m(u) N_u}, \quad \forall x_i \in X_{C_i}$$

$\sigma^*(\mu_{A_v}(X_{C_i}), \bar{\mu}_{\Theta^{C_i}}(X_{C_i}))$ 表示语义 A_v 对于语义集 Θ^{C_i} 的贴近度，定义如下：

$$\sigma^*(\mu_{A_v}(X_{C_i}), \bar{\mu}_{\Theta^{C_i}}(X_{C_i})) = \frac{1}{2}[\mu_{A_v}(X_{C_i}) \circ \bar{\mu}_{\Theta^{C_i}}(X_{C_i}) + (1 - \mu_{A_v}(X_{C_i}) \otimes \bar{\mu}_{\Theta^{C_i}}(X_{C_i}))] \tag{6.5}$$

贴近度分别采用语义内积和外积进行计算，具体如下。

语义内积表示为

$$\mu_{A_v}(X_{C_i}) \circ \bar{\mu}_{\Theta^{C_i}}(X_{C_i}) = \bigvee_{x \in X_{C_i}} (\mu_{A_v}(X_{C_i}) \wedge \bar{\mu}_{\Theta^{C_i}}(X_{C_i}))$$

语义外积表示为

$$\mu_{A_v}(X_{C_i}) \otimes \bar{\mu}_{\Theta^{C_i}}(X_{C_i}) = \bigwedge_{x \in X_{C_i}} (\mu_{A_v}(X_{C_i}) \vee \bar{\mu}_{\Theta^{C_i}}(X_{C_i}))$$

式中，$\mu_{A_v}(X_{C_i})$ 和 $\bar{\mu}_{\Theta^{C_i}}(X_{C_i})$ 表示如下：

$$\mu_{A_v}(X_{C_i}) = [\mu_{A_v}(x_1), \mu_{A_v}(x_2), \cdots, \mu_{A_v}(x_i), \cdots, \mu_{A_v}(x_{N_i})]$$

$$\bar{\mu}_{\Theta^{C_i}}(X_{C_i}) = [\bar{\mu}_{\Theta^{C_i}}(x_1), \bar{\mu}_{\Theta^{C_i}}(x_2), \cdots, \bar{\mu}_{\Theta^{C_i}}(x_i), \cdots, \bar{\mu}_{\Theta^{C_i}}(x_{N_i})]$$

$$\bar{\mu}_{\Theta^{C_i}}(x_i) = \sum_{A_v \in \Theta^{C_i}} \mu_{A_v}(x_i) / N_i$$

其中，$1 \leq i \leq N_i, x_i \in X_{C_i}$；$N_i$ 表示样本集 X 中，第 C_i 类样本的数量。

由此，本书通过式(6.3)对语义集中的语义 A_v 进行评价，并按照语义评价函数值由高到低对语义集 Θ^{C_i} 中的语义进行排序，以便选择能够合理表达各类主要特征的子语义集。具体的算法步骤如下。

算法 6.6(语义规则评价算法)。

输入：$\overline{\Theta}^{C_i}$，炼焦耗热量语义规则集；

输出：$\overline{\Theta}^{C_i}$，按照语义评价值由高到低排序的语义规则集，Val_{C_i} 为对应的评价值。

```
For i=1:1:C_i
    For v=1:1:length(Θ^{C_i})
        根据式(6.3)计算 A_v 在 Θ^{C_i} 中的权重 ρ；// A_v ∈ Θ^{C_i}
        根据式(6.4)计算 A_v 在 Θ^{C_i} 中的贴近度 σ*；
        ω_v(A_v) = ρ × σ*；
    End For
    [Val_{C_i} location] = sort(ω(A_v));
    按照 location 按顺序抽取 Θ̄^{C_i} 语义规则依次构成语义集 Θ^{C_i}。
End For
Return Θ̄^{C_i}, Val_{C_i}；
```

5. 炼焦过程耗热量影响因素优化

通过语义规则评价分析，在炼焦过程中，要使得炼焦过程耗热量偏低，应尽可能地遵循炼焦耗热量偏低类的语义集 $\overline{\Theta}^{C_i}$ 中语义评价值较高的语义规则。然而，这样的结论对于炼焦过程耗热量各影响因素的调控仅仅能起到部分参考作用，而不能直接作为具体参数设定的依据，因此还需从中挖掘出每个影响因素较为关键的语义描述。

由以上分析可知，语义集 $\overline{\Theta}^{C_i}$ 是由简单语义通过合取和析取操作构成的复杂语义集合。通常来讲，如果某个简单语义多次出现并构成了语义集 $\overline{\Theta}^{C_i}$ 的复杂语义，那么该简单语义在语义集中较为重要，其对应的某个影响因素(属性)的语义描述也较为关键。基于这样的思想，结合语义评价，本书提出了如下算法，通过综合评价语义规则的重要性，进而挖掘并抽取各因素(属性)的关键简单语义描述。

算法 6.7(影响因素(属性)关键简单语义提取算法)。

输入：$\overline{\Theta}^{C_i}$ 按照评价值由高到低组成语义规则集，Val_{C_i} 为 $\overline{\Theta}^{C_i}$ 中对应语义规则的评价值；

输出：K_m，由 9 个属性的关键简单语义组成的集合。

步骤 1：计算 $\overline{\Theta}^{C_i}$ 中组成复杂语义的简单语义出现的概率 $\varphi_i (i=1,2,\cdots,2kS)$，其中，$k$ 为每个属性的语义划分数，S 为属性个数；

步骤 2：计算 $\overline{\Theta}^{C_i}$ 中每一条复杂语义规则中简单语义出现概率之和 $S\varphi$；

```
For j=1:1:length(Θ̄^{C_i})
    sum=0;
    For v=1:1:length(A_j)      // length(A_j)为 Θ̄^{C_i} 中第 j 个语义规则 A_j 中包
        含的简单语义个数
        Sφ(j) = sum + φ_{A_j(v)} ;// φ_{A_j(v)} 为语义 A_j 中的第 v 个简单语义出现的频率
    End For
End For
```

步骤 3：计算 $\bar{\Theta}^{C_i}$ 中每一条复杂语义规则的重要因子 δ：

```
For j=1:1:length(Θ̄^{C_i})
    δ_j=Val_{C_i}(j)*Sφ(j);  // 重要因子为评价值和频率和的乘积
End For
```

步骤 4：从 $\bar{\Theta}^{C_i}$ 中依次提取每个属性的关键简单语义，并构成集合 K_m：

```
[~, location] = Sort (δ);//降序排序
K_m = ∅ ; // 初始化为空集
For j=1:1:length(Θ̄^{C_i})
    A_j = Θ̄^{C_i} (location(j));  //由重要性从高到低选取语义规则
    For v=1:1:length(A_j)
        用 m_{k,p} 来表示 A_j 的第 j 个简单语义 A_j(v);
        If m_{k,p} ∉ K_m and m_{k,q} ∉ K_m , 1 ≤ q ≤ 6 and  p 为奇数(非语义)
            m_{k,p} ∈ K_m;      // A_j(v)加入到集合 K_m 中。
        End If
        If  length(K_m) ==S  // K_m 已经包含了所有属性的关键简单语义
            Break;
        End If
    End For
End For
```

根据算法 6.7 可依次得到 $m_{6,5}$、$m_{2,5}$、$m_{5,3}$、$m_{4,1}$、$m_{8,3}$、$m_{9,5}$、$m_{7,3}$、$m_{1,3}$、$m_{3,5}$ 等 9 个因素的简单语义组成的集合 K_m。由此，根据前述的语义概念描述和隶属函数定义便可得出炼焦过程中焦炉控制参数优化数据表及参数设定范围，如表 6.8 所示。

表 6.8　基于模糊语义规则的影响因素优化结果

序号	影响因素	单位	下限	上限
1	结焦时间	h	19.4	21.0
2	加煤量(干煤)	kg	31610	32202
3	焦炉煤气主管流量	m^3/h	12500	14125
4	炉温系数(均匀)	—	91.25	100

序号	影响因素	单位	下限	上限
5	烟道气机侧吸力	Pa	146	160
6	烟道气焦侧吸力	Pa	139	160
7	直行机侧温度	℃	1226	1261
8	直行焦侧温度	℃	1273	1306
9	配煤水分	%	10.9	11.9

6.4.3 基于本体的炼焦过程耗热量影响因素优化

1. 炼焦过程耗热量本体规则定义

针对选取的结焦时间、加煤量(单孔)、焦炉煤气主管流量、炉温系数(均匀系数)、烟道气机侧吸力、烟道气焦侧吸力、直行机侧温度、直行焦侧温度、煤的水分等 9 个主要影响因素，结合领域知识，构建以下本体规则库。

R1：IF 炼焦耗热量≤2640kJ/kg AND 炼焦耗热量≥2000 kJ/kg THEN 炼焦耗热量正常。

R2：IF 炼焦耗热量>2640 kJ/kg THEN 炼焦耗热量偏高。

R3：IF 炼焦耗热量<2000 kJ/kg THEN 炼焦耗热量偏低。

R4：IF 焦炭质量≤100 AND 焦炭质量≥80 THEN 焦炭质量合格。

R5：IF 焦炭质量>100 THEN 焦炭质量不合格。

R6：IF 焦炭质量<80 THEN 焦炭质量不合格。

R7：IF 结焦时间≤24h AND 结焦时间≥18h THEN 结焦时间正常。

R8：IF 结焦时间>24h THEN 结焦时间过长，降低结焦时间至正常值范围。

R9：IF 结焦时间<18h THEN 结焦时间过短，增加结焦时间至正常值范围。

R10：IF 加煤量(单孔)≤36.1t AND 加煤量(单孔)≥35.4t THEN 加煤量(单孔)正常。

R11：IF 加煤量(单孔)>36.1t THEN 加煤量(单孔)过大，降低加煤量(单孔)至正常值范围。

R12：IF 加煤量(单孔)<35.4t THEN 加煤量(单孔)过小，增加加煤量(单孔)至正常值范围。

R13：IF 炉温系数(均匀系数)≤100% AND 炉温系数(均匀系数)≥85% THEN 炉温系数(均匀系数)正常，即焦炉加热均匀程度好。

R14：IF 炉温系数(均匀系数)<85% THEN 炉温系数(均匀系数)偏低，即焦炉加热均匀程度不好。

R15：IF 焦炉煤气主管流量≤20000m³/h AND 焦炉煤气主管流量≥0 THEN 焦炉煤气主管流量正常。

R16: IF 焦炉煤气主管流量>20000m³/h THEN 焦炉煤气主管流量过大, 降低焦炉煤气主管流量至正常值范围。

R17: IF 烟道机侧吸力≤300Pa AND 烟道机侧吸力≥120Pa THEN 烟道机侧吸力正常。

R18: IF 烟道机侧吸力>300Pa THEN 烟道机侧吸力过大, 降低烟道机侧吸力至正常值范围。

R19: IF 烟道机侧吸力<120Pa THEN 烟道机侧吸力过低, 增加烟道机侧吸力至正常值范围。

R20: IF 烟道焦侧吸力≤300Pa AND 烟道焦侧吸力≥120Pa THEN 烟道焦侧吸力正常。

R21: IF 烟道焦侧吸力>300Pa THEN 烟道焦侧吸力过大, 降低烟道焦侧吸力至正常值范围。

R22: IF 烟道焦侧吸力<120Pa THEN 烟道焦侧吸力过低, 增加烟道焦侧吸力至正常值范围。

R23: IF 烟道机侧流量≤100000m³/h AND 烟道机侧流量≥60000m³/h THEN 烟道机侧流量正常。

R24: IF 烟道机侧流量>100000m³/h THEN 烟道机侧流量过大, 降低烟道机侧流量至正常值范围。

R25: IF 烟道机侧流量<60000m³/h THEN 烟道机侧流量过低, 增加烟道机侧流量至正常值范围。

R26: IF 烟道焦侧流量≤100000m³/h AND 烟道焦侧流量≥60000m³/h THEN 烟道焦侧流量正常。

R27: IF 烟道焦侧流量>100000m³/h THEN 烟道焦侧流量过大, 降低烟道焦侧流量至正常值范围。

R28: IF 烟道焦侧流量<60000m³/h THEN 烟道焦侧流量过低, 增加烟道焦侧流量至正常值范围。

R29: IF 直行机侧温度≤1280℃ AND 直行机侧温度≥1200℃ THEN 直行机侧温度正常。

R30: IF 直行机侧温度>1280℃ THEN 直行机侧温度过高, 降低直行机侧温度至正常值范围。

R31: IF 直行机侧温度<1200℃ THEN 直行机侧温度过低, 增加直行机侧温度至正常值范围。

R32: IF 直行焦侧温度≤1330℃ AND 直行焦侧温度≥1200℃ THEN 直行焦侧温度正常。

R33: IF 直行焦侧温度>1330℃ THEN 直行焦侧温度过高, 降低直行焦侧温度至正常值范围。

R34：IF 直行焦侧温度<1200℃ THEN 直行焦侧温度过低，增加直行焦侧温度至正常值范围。

R35：IF 煤的水分≤16% AND 煤的水分≥8% THEN 煤的水分合格。

R36：IF 煤的水分<8% THEN 煤的水分过低，增加煤的水分至正常值范围。

R37：IF 煤的水分>16% THEN 煤的水分过高，降低煤的水分至正常值范围。

2.　基于本体的炼焦过程耗热量影响因素优化方法

表 6.8 中给出的参数范围是通过对大量实测数据样本进行模糊语义规则计算得到的结果，对炼焦生产过程的影响因素参数设定具有一定的参考价值，但是不能真正指导并优化实际的生产工艺。因此，将本体技术引入耗热量影响因素优化中，基本上述的本体规则，结合实际情况，通过领域本体知识推导出优化参数数据。

(1)选择影响因素的属性，并对输入的炼焦过程数据与炼焦过程耗热量本体实例库进行匹配，根据输入的炼焦过程数据查找相关规则，灵活使用本体推理方法。

(2)为达到固定某个影响因素属性特定取值范围的目的，可以通过样本的选择和优化缩小属性项的区间，在更精确的范围内获得优化参数数据。

(3)调整三角函数权重矩阵 P 的节点值，可以进一步缩减优化参数的取值范围，满足实际指导生产的需要。

根据调整规则和样本的选择，可以获得不同结焦时间(18h、20h、22h)的优化参数数据表，该参数数据表对实际的生产过程具有一定的指导意义。结焦时间为 18h、20h、22h 的优化参数表如表 6.9～表 6.11 所示。

表 6.9　优化参数表(结焦时间为 18h)

影响因素	单位	下限	上限
结焦时间	h	18	—
加煤量(干煤)	kg	31910	32180
焦炉煤气主管流量	m³/h	15000	15830
炉温系数(均匀)	—	90.8	100
烟道气机侧吸力	Pa	160	170
烟道气焦侧吸力	Pa	175	190
直行机侧温度	℃	1256	1272
直行焦侧温度	℃	1302	1320
配煤水分	%	10.9	11.9

表 6.10　优化参数表(结焦时间为 20h)

影响因素	单位	下限	上限
结焦时间	h	20	—
加煤量(干煤)	kg	31900	32170
焦炉煤气主管流量	m³/h	13300	14160
炉温系数(均匀)	—	91.3	100
烟道气机侧吸力	Pa	130	145
烟道气焦侧吸力	Pa	140	162
直行机侧温度	℃	1245	1260
直行焦侧温度	℃	1287	1304
配煤水分	%	10.9	11.9

表 6.11　优化参数表(结焦时间为 22h)

影响因素	单位	下限	上限
结焦时间	h	22	—
加煤量(干煤)	kg	31900	32200
焦炉煤气主管流量	m³/h	12500	12910
炉温系数(均匀)	—	91	100
烟道气机侧吸力	Pa	124	145
烟道气焦侧吸力	Pa	140	155
直行机侧温度	℃	1201	1211
直行焦侧温度	℃	1255	1264
配煤水分	%	10.9	11.9

　　基于本体的知识推理方法和应用实例可以看出,该方法对实际的炼焦生产具有较好的指导作用。当选择不同的影响因素组合时,可以获得需要关注的任意影响因素的优化数值,在样本数量丰富、参数调优恰当的情况下,还可以得到全炉直行温度分布、横排温度优化、热调工序全参数优化等指导数据表。因篇幅有限,不一一列举。

第7章 结论与展望

7.1 主 要 结 论

由于炼焦工艺流程长、工艺对象机理复杂，难以根据精确的数学模型进行有效的管理与控制。现有技术大多只是对某个工段、某个子过程进行信息化、智能化管控，尤以模糊控制、神经网络、专家系统、软测量技术、智能优化算法等计算智能技术在冶金过程管理中的应用最为广泛。然而，由于炼焦生产各个局部过程之间具有复杂的耦合关系，其任意一个子过程出现异常都将直接影响其他过程的正常生产，因此，仅针对某个局部过程的管理，无法对全局进行有效控制。目前的研究工作，很少能从整个炼焦流程出发，系统地考虑整个炼焦生产过程的智能化管理与控制。因此，结合炼焦生产各个局部过程之间复杂的耦合关系，寻求一种更为有效的炼焦过程智能化管理与控制方法显得尤为重要。

本书以冶金炼焦过程为研究对象，着眼于炼焦全流程，围绕"各环节技术参数和数据如何全面、准确和实时获取"、"信息如何表征、语义要素的提取"和"知识体系的构建和应用"三个科学问题，基于本体、扩展描述逻辑、物联网技术研究炼焦生产过程的语义化描述及建模应用。构建炼焦生产过程现场智能化数据采集网络，以实时、准确地收集前端数据。基于描述逻辑，对冶金炼焦过程及感知数据进行形式化描述，同时构建完整的炼焦过程数据库及本体知识库。在此基础上，实现基于本体的炼焦过程的语义化及建模应用研究。该研究将在提高炼焦过程生产效率、提高焦炭质量、减少能耗等方面具有整体的影响和贡献，对推进冶金过程信息化、智能化发展具有重要意义。

本书的主要研究成果如下。

(1) 为了形式描述炼焦过程涉及的具有不同属性状态的事物、不同变换过程、不同概念，在描述逻辑 ALC 的基础上，结合炼焦过程的实际情况，引入类物元和可拓变换，并添加反关系构造器提出了描述逻辑 DL-MCP 系统，构建了描述逻辑 DL-MCP 的语法、语义以及公理体系，并证明了 DL-MCP 系统的可靠性、无矛盾性。基于 DL-MCP 对炼焦过程进行形式化描述，提取语义化要素，包括概念 31 个、物元 8 个、变换 19 个；实例验证结果表明所构建的 DL-MCP 是可行和有效的。

(2) 构建了基于物联网和无线传感器网络的炼焦过程现场数据采集与监测网络，解决了数据监测精确度低、实时性差等问题。建立了炼焦过程主要影响因子关联模型，提出了相应过程的监测网络部署策略和模型，以及炼焦全流程数据采集与管理系统模型架构。提出了基于 ZigBee 的网状分簇组网结构及基于改进 AODV 协议的数据路由与传输算法，提出了炼焦过程传感器网络及感知数据的语义化描述与表示方法，构建了传感器网络本体模型和感知数据本体描述模型，以及炼焦过程传感器网络本体和感知数据本体。

(3)设计并构建了炼焦过程数据库，该数据库包括 15 个基本数据表、标准库、公式库，共有 64000 余条数据记录入库。从炼焦过程数据库、专家经验知识以及相关炼焦过程文献资料中提取相关概念、概念间关系和实例，基于本体技术构建了炼焦过程本体库，提出了炼焦过程数据库到炼焦过程本体的转换过程及转换规则，提出了一个多方法综合的本体映射模型。

(4)构建了基于本体的炼焦过程知识推理模型，从某钢铁公司炼焦操作规程中提取推理规则共 18 类 220 余条；梳理了炼焦过程语义推理机制，并借助 Jena 推理机，依据一定的推理规则进行知识实例推理。提出了炼焦过程知识的 RDF 语义表示与转换方法，采用 SPARQL 查询检测了炼焦过程三元组的一致性，并设计了本体库和数据库相融合的炼焦过程知识检索服务模型及算法。

(5)将数据库与本体库、语义融合算法及语义推理算法应用于炼焦过程中，有效解决了炼焦过程基础数据管理不规范、不统一，炼焦过程数据、信息来源多，形式不统一，炼焦过程中形成的数据量大难以分析推理，影响炼焦过程耗热量因素较多且难以优化等问题。

(6)本书在本体和物联网的炼焦过程数据采集、语义化描述、知识推理的基础上，从炼焦过程实际出发，在炼焦过程的基础数据管理、多源异构资源处理、海量知识处理以及耗热量影响因素优化等方面进行了语义化应用研究，实验验证结果表明基于本体和物联网的炼焦过程语义化描述及其建模应用是有效和可行的。

(7)本书以炼焦全过程的信息语义化管理与语义化应用为切入点，提出了炼焦过程的知识语义化表示、语义推理机制及检索服务模型，为冶金炼焦过程的语义化、智能化提供基础和依据，可以推广到冶金行业的其他相关生产过程。

7.2 展　望

本书基于语义本体和描述逻辑、物联网等技术，对炼焦生产过程的数据采集及语义化处理、炼焦过程信息语义化管理、炼焦过程语义推理和检索服务进行了一些基础性的研究和探讨，取得了一些成果，但仍有一些不足，可进行更深入的研究。

(1)本书基于物联网技术的优势，设计并构建了基于物联网的炼焦过程智能化数据采集网络，提出了炼焦过程传感器网络及感知数据的语义化描述与表示方法，构建了传感器网络及感知数据本体。但目前主要从理论、实验方面进行分析和验证，下一步工作中可选取某一钢铁企业焦化厂为代表,实地部署和实施智能化网络,并对网络监测模型和控制结构作进一步优化。

(2)本书对基于本体和物联网的冶金炼焦过程智能化数据采集及语义化处理、信息语义化管理、语义推理与知识检索服务、语义化应用进行了研究,提出了相关的模型和方法。但信息技术在快速发展,云计算、大数据、虚拟现实等新技术应用于炼焦过程是必然趋势,可结合这些技术进一步完善炼焦生产应用和管理模型,提供更为精确的自动化、智能化服务。

参 考 文 献

[1] 孟杰. 提速冶金行业信息化的"杀手之锏"[J]. 机械设计与制造工程, 2006, (4): 70-71.

[2] 芦永明, 王丽娜, 陈宏志, 等. 中国钢铁企业信息化发展现状与展望[J]. 中国冶金, 2013, 23(5): 1-6.

[3] 张建良, 周芸, 徐润生, 等. 中国制造 2025: 推进钢铁企业智慧化[J]. 中国冶金, 2016, 26(2): 1-6.

[4] 朱洁. 加快"两化"融合促进钢铁工业节能[J]. 中国钢铁业, 2011, (7): 22-23.

[5] 中华人民共和国国家统计局. 全国钢铁产量统计年度数据查询[EB/OL]. http: //www. stats. gov. cn/, 2015.

[6] 芦永明, 钱王平, 邓多洪, 等. 利用物联网技术实现钢铁企业智能化生产管理[J]. 中国冶金, 2014, (9): 1-5.

[7] 周杨哲. 信息化时代下我国钢铁行业信息化发展现状研究[J]. 有色金属文摘, 2015, 30(1): 98-99.

[8] 蔡自兴. 人工智能在冶金自动化中的应用[J]. 冶金自动化, 2015, 39(1): 1-8.

[9] Jian L, Gao C, Xia Z. Constructing multiple kernel learning framework for blast furnace automation[J]. IEEE Transactions on Automation Science and Engineering, 2012, 9(4): 763-777.

[10] Gao C, Jian L, Liu X, et al. Data-driven modeling based on volterra series for multidimensional blast furnace system[J]. IEEE Transactions on Neural Networks, 2011, 22(12): 2272-2283.

[11] 于立业, 徐林, 王建辉, 等. 基于声强的转炉氧枪枪位控制专家系统[J]. 冶金自动化, 2005, 29(6): 11-14.

[12] Fernandez L, Villanueva J, Rodriguez F, et al. Reduction of rejections in cold rolled strip welding by intelligent analysis of image and process data[C]//Proceedings of IEEE 11th International Conference on Intelligent Systems Design and Applications. IEEE Conference Publications, 2011: 408-413.

[13] Molleda J, Carus J L, Usamentiaga R, et al. A fast and robust decision support system for in-line quality assessment of resistance seam welds in the steelmaking industry[J]. Computers in Industry, 2012, 63(3): 222-230.

[14] 蔡自兴, 郭璠. 中国工业机器人发展的若干问题[J]. 机器人技术与应用, 2013, (3): 9-12.

[15] 张利. 人工智能在冶金自动化中的应用[J]. 中国科技期刊技术库, 2015, (56): 71.

[16] 侯来灵, 杨惠平. 焦炉集气管压力微机控制系统[J]. 煤炭转化, 1995, 18(2): 93-95.

[17] 周国雄, 吴敏, 曹卫华, 等. 焦炉集气管压力的变结构模糊控制研究[J]. 信息与控制, 2007, 38(6): 732-735.

[18] 潘海鹏. 焦炉集气管压力综合控制算法研究与应用[J]. 控制工程, 2003, 10(6): 529-531.

[19] 李春华. 焦炉集气管压力多变量模糊控制系统[J]. 煤炭学报, 2001, 26(2): 195-198.

[20] 阎瑾, 吴敏, 曹卫华. 基于耦合度的集气管压力智能解耦控制[J]. 冶金自动化, 2008, 32(4): 9-14.

[21] Fang K L, Zhou H J, Huang W H. Fuzzy decoupling adjustment for the pressure of coke oven collecting main[C]//International Conference on Machine Learning and Cybernetics. IEEE Xplore, 2003: 2605-2608.

[22] 赖旭芝, 周国雄, 曹卫华, 等. 焦炉集气管的模糊专家控制方法及其应用[J]. 控制工程, 2006, 13(2): 105-110.

[23] Wu M, Yan J, She J H, et al. Intelligent decoupling control of gas collection process of multiple asymmetric coke ovens[J]. IEEE Transactions on Industrial Electronics, 2009, 56(7): 2782-2792.

[24] 熊锐, 吴澄. 车间生产调度问题的技术现状与发展趋势[J]. 清华大学学报(自然科学版), 1995, 38(10): 55-60.

[25] 饶运清, 谢畅, 李淑霞. 基于多 Agent 的 Job Shop 调度方法研究[J]. 中国机械工程, 2004, 2(4): 48-51.

[26] Sarin S C, Ahn S, Bishop A B. An improved branching scheme for the branch and bound procedure of scheduling jobs on m machines to minimize total weighted flow time[J]. International Journal of Production Research, 1988, 2(6): 1183-1191.

[27] 蔡雁, 吴敏, 杨静, 等. 基于优化调度模型的焦炉推焦计划编制方法[J]. 中南大学学报(自然科学版), 2007, 35(4): 745-750.

[28] 胡波. 基于模拟退火算法的炼焦生产协调优化控制系统设计及应用[D]. 长沙: 中南大学, 2009.

[29] Barbier C, Luchesi M, Meltzheim C, et al. Automatic control of oven heating by CRAPO system in the coke plane at Solmer-Fos[J]. Ironmaking Proc., Metall. Soc. AIME, 1983: 42.

[30] Nakazaki A, Matsuo T, Nakagawa Y. Application and effects of automatic control of coke oven[J]. Ironmaking Conference Proceedings, 1987: 299-306.

[31] Battel E T, Chen K L. Automatic coke oven heating control system at burn harbor for normal and repair operation[J]. Iron & Steelmaker, 1997, 24(6): 41-45.

[32] Choi K I. A mathematical model for the estimation of flue temperature in a coke oven[J]. Ironmaking Conference Proceedings, 1997: 107-113.

[33] 魏剑侠. 八幡厂 5 号炉炭化室控制加热系统投产[J]. 国外炼焦化学, 1993, (1): 23-28.

[34] Guo Y N, Gong D W, Cheng J. Coke oven heating temperature fuzzy control system[C]//IEEE International Conference on Control Applications. IEEE, 2005: 195-198.

[35] 雷琪, 吴敏, 曹卫华. 基于混杂递阶结构的焦炉加热过程火道温度智能控制[J]. 信息与控制, 2007, 36(4): 420-426.

[36] 赖旭芝, 蒋佩汪, 雷琪, 等. 焦炉燃烧过程温度优化控制系统的研究与应用[J]. 控制工程, 2006, 13(3): 205-208.

[37] 李鹏, 吴敏, 雷琪, 等. 基于多工况识别的焦炉燃烧过程多模态模糊专家控制[J]. 冶金自动化, 2008, 32(2): 10-15.

[38] 何艳丽, 吴敏, 曹卫华, 等. 焦炉火道温度的模糊专家控制策略及其应用[J]. 山东大学学报(工学版), 2005, 35(3): 13-16.

[39] 雷琪, 吴敏, 曹卫华, 等. 焦炉立火道温度的智能集成软测量方法及其应用[J]. 华东理工大学学报, 2006, 32(7): 762-766.

[40] 雷琪, 吴敏, 曹卫华. 基于信息融合的焦炉加热过程工况判断方法及应用[J]. 信息与控制, 2008, 37(5): 609-614.

[41] 赵志杰. 焦炉立火道温度的智能控制模型及仿真研究[D]. 武汉: 武汉科技大学, 2008.

[42] 王伟. 炼焦过程综合生产目标的智能预测与协调优化研究[D]. 长沙: 中南大学, 2011.

[43] 马竹梧, 白凤双, 庄斌, 等. 高炉热风炉流量设定及控制专家系统[J]. 冶金自动化, 2002, 26(5): 11-14.

[44] 严文福, 郑明东, 宁芳青, 等. 焦炉加热优化串级调控数学模型的研究与应用[J]. 安徽工业大学学报, 2003, 20(4): 299-302.

[45] Jin M, Shen D Y. Modeling and expert control for coke oven combustion system[C]//The Internatinal Conference on Artificial for Engineering, 1998, 12(4): 23-25.

[46] 鲍立威, 何敏. 焦炉火道平均温度的优化控制[J]. 燃料与化工, 1995, 26(l): 23-26.

[47] 李爱平, 赖旭芝, 吴敏, 等. 基于多目标优化模型的炼焦生产过程优化[C]//中国控制会议, 2008: 76-80.

[48] 赖旭芝, 李爱平, 吴敏, 等. 基于多目标遗传算法的炼焦生产过程优化控制[J]. 计算机集成制造系统, 2009, 15(5): 990-997.

[49] 李公法, 孔建益, 蒋国璋. 基于多 Agent 的焦炉生产智能控制维护管理一体化系统研究[C]//中国智能自动化会议, 2009.

[50] 刘俊. 炼焦生产过程智能优化控制实验系统[D]. 长沙: 中南大学, 2011.

[51] 中华人民共和国国家统计局. 全国焦炭产量统计, 年度数据查询[EB/OL]. http: //www. stats. gov. cn/, 2015.

[52] 王俊华, 左万利, 赫枫龄, 等. 本体定义及本体代数[J]. 吉林大学学报(理学版), 2010, (6): 1001-1007.

[53] 张宇翔. 知识工程中的本体综述[J]. 计算机工程, 2010, (7): 112-114.

[54] 王芳. 基于本体理论的冶金设备分类编码方法[J]. 中国冶金, 2015, 25(4): 66-70.

[55] 谷俊. 冶金行业专利本体模型的构建研究[J]. 情报杂志, 2012, 31(3): 157-162.

[56] 张德钦, 饶克锋, 顾进广. 基于语义的工业联合体数据集成机制[C]//全国冶金自动化信息网 2014 年会论文集, 北京, 2014.

[57] Baader F, Horrocks I, Sattler U. Description logics for the semantic web[J]. The Germany Artificial Intelligence Journal, 2002, 16(4): 57-59.

[58] Calvanese D, Lenzerini M, Nardi D. Unifying class-based representation formalisms[J]. Journal of Artificial Intelligence Research, 1999, 11(1): 11-199.

[59] Baader F, Hollunder B. A Terminological Knowledge Representation System with Complete Inference Algorithm[M]. Berlin: Springer , 1991: 67-86.

[60] Calvanese D, de Giacomo G, Lenzerini M. Description logics: Foundations for class-based knowledge representation[C]//IEEE Symposium on Logic in Computer Science. IEEE Computer Society, 2002: 359-370.

[61] Schulz S, Informatics D O M. DL requirements from medicine and biology[C]//Description Logic, 2004: 214.

[62] Baader F. The Description logic Handbook: Theory, Implementation and Application[M]. Cambridge: Cambridge University Press, 2003.

[63] Calvanese D, de Giacomo G, Lenzerini M, et al. Source integration in data warehousing[C]// International Workshop on Database and Expert Systems Applications. IEEE, 1998: 192-197.

[64] Calvanese D, Lenzerini M, Nardi D. Description logics for conceptual data modeling[J]. Fuzzy Database Modeling with XML, 1998, 10(93): 3-19.

[65] 蒋运承, 汤庸, 王驹. 基于描述逻辑的模糊 ER 模型[J]. 软件学报, 2006, 17(1): 20-30.

[66] 张富, 马宗民, 严丽. 基于描述逻辑的模糊 ER 模型的表示与推理[J]. 计算机科学, 2008, 35(8): 138-144.

[67] 马东嫄, 眭跃飞. 描述数据库的双层描述逻辑[J]. 计算机科学, 2010, 27(1): 197-200.

[68] Baader F, Sattler U. Description Logics with Symbolic Number Restrictions[M]. Nordrhein-Westfalen: Rheinisch-Westfaelische Technische Hochschule, 1996: 283-287.

[69] Baader F, Sattler U. Expressive number restrictions in description logics[J]. Journal of Logic and Computation, 1999, 9(3): 319-350.

[70] 印俊. 描述逻辑 ALCN 和 ALCQ 的扩展研究[D]. 长沙: 中南大学, 2013.

[71] Horrocks I. A description logic with transitive and inverse roles and role hierarchies[J]. Journal of Logic and Computation, 1999, 9(3): 385-410.

[72] 王静, 李剪, 樊红杰, 等. 带限定性数目约束的描述逻辑 ALCQDES[J]. 计算机工程, 2014, 40(2): 263-266.

[73] Lutz C. NExpTime-complete description logics with concrete domains[J]. Lecture Notes in Computer Science, 2001, 2083(3): 45-60.

[74] Baader F, Sattler U. Description logics with aggregates and concrete domain[J]. Information Systems, 2003, 28(8): 979-1004.

[75] Haarslev V, Lutz C, Muoller R. A description logic with concrete domains and a

role-forming　predicate　operator[J].　Journal　of　Logic　and　Computation,　1999,　9(3): 351-384.

[76]　霍林林. 复杂空间关系模型及空间描述逻辑若干问题的研究[D]. 长春: 吉林大学, 2013.

[77]　Aiello M, Areces C, Rijke M. Spatial reasoning for image retrieval[C]//Proceedings of the International Workshop on Description Logics, Linkoping, 1999: 23-27.

[78]　Wolter F, Zakharyaschev M. Dynamic description logic[J]. Proceedings of AIML, 1998, 2: 290-300.

[79]　Shi Z, Dong M, Jiang Y, et al. A logical foundation for the semantic web[J]. Science in China, 2005, 48(2): 161-178.

[80]　张建华, 史忠植, 岳金朋, 等. 支持链式桥规则的分布式动态描述逻辑[J]. 高技术通讯, 2014, 24(5): 452-457.

[81]　常亮, 史忠植, 邱莉榕, 等. 动态描述逻辑的 Tableau 判定算法[J]. 计算机学报, 2008, 31(6): 896-909.

[82]　赵专政, 印俊. 带逆角色的认知描述逻辑研究[J]. 计算机工程与应用, 2013, (20): 29-33.

[83]　Bettini C. Time-dependent concepts: Representation and reasoning using temporal description logics[J]. Data and Knowledge Engineering, 1997, 22(1): 1-38.

[84]　Artale A, Franconi E. A temporal description logic for reasoning about actions and plans[J]. Journal of Artificial Intelligence Research, 2011, 9(1): 463-506.

[85]　Artale A, Franconi E. A survey of temporal extensions of description logics[J]. Annals of Mathematics and Artificial Intelligence, 2000, 30(1/2/3/4): 171-210.

[86]　李屾, 常亮, 孟瑜, 等. 分支时态描述逻辑 ALC-CTL 及其可满足性判定[J]. 计算机科学, 2014, 41(3): 205-211.

[87]　Heinsohn J. Probabilistic description logics[C]//Proceedings of the 10th International Conference on Uncertainty in Artificial Intelligence. Seattle: Morgan Kaufmann Publishers Inc., 1994: 311-318.

[88]　Straccia, Umberto. Reasoning within fuzzy description logic[J]. Journal of Artificial Intelligence Research, 2011, 14(1): 2001, 14(1): 2001.

[89]　康达周, 徐宝文, 李言辉. 基于隶属度比较的描述逻辑 SHOIQ 模糊扩展[J]. 中国科学: 信息科学, 2013, 43(5): 571-583.

[90]　Sanchez D, Tettamanzi G. Generalizing quantification in fuzzy description logic[C]// Computation Intelligence, Theory and Application. DBLP, 2005: 397-411.

[91]　Stoilos G, Stamou G, Tzouvaras V, et al. The fuzzy description logic f-SHIN[C]//Proceedings of the International 1st Workshop on Uncertainty Reasoning for the Semantic Web. Aachen: CEUR-WS. org Publishers, 2005: 67-76.

[92]　冉婕, 黄吉亚, 高琴. 一种模糊时态描述逻辑[J]. 电子设计工程, 2013, 21(17): 1-3.

[93]　王驹, 蒋运承, 唐素勤. 一种模糊动态描述逻辑[J]. 计算机科学与探索, 2007, 1(2): 216-227.

[94] 蒋运承. 面向语义 Web 的直觉模糊粗描述逻辑[J]. 华南师范大学学报(自然科学版), 2013, 45(6): 42-55.

[95] Baader F, Hollunder B. Embedding defaults into terminological knowledge representation formalisms[J]. Journal of Automated Reasoning, 1995, 14(1): 149-180.

[96] 董明楷, 蒋运承, 史忠植. 一种带缺省推理的描述逻辑[J]. 计算机学报, 2003, 26(6): 729-736.

[97] 王静. 基于可拓集的描述逻辑研究[D]. 哈尔滨: 哈尔滨工程大学, 2009.

[98] 王静, 王红, 李剪, 等. 面向矛盾问题的描述逻辑 SHOQ 扩展[J]. 计算机应用, 2014, 34(4): 1139-1143.

[99] 董彬, 崔雪梅, 常春. RFID 技术在焦化三大机车自动控制中的应用[J]. 冶金自动化, 2003, 11(6): 42-51.

[100] 聂凤军. 焦炉机械设备控制系统关键技术的研究[D]. 大连: 大连海事大学, 2012.

[101] 刘军婷. 焦化厂机车连锁装置的设计[D]. 太原: 太原科技大学, 2013.

[102] 宋代建. 基于 RFID 技术的行车定位系统的设计与实现[D]. 北京: 北京邮电大学, 2011.

[103] 刘玠. 以信息化与自动化促进钢铁工业走新型工业化的道路[J]. 冶金管理, 2004, (1) : 4-6.

[104] 陈伟超. 铁水包跟踪调度技术的研究与应用[D]. 杭州: 杭州电子科技大学, 2013.

[105] 李龙. 基于光传感器的码盘识别系统[D]. 鞍山: 辽宁科技大学, 2015.

[106] 李昕欣. 重粉尘环境移动车体定位系统的设计[D]. 大连: 大连理工大学, 2013.

[107]祝新鹏, 皇甫伟, 邢奕, 等. 面向冶金废气监测的无线传感器网络系统[J]. 计算机工程, 2015, 41(9): 19-24.

[108] 阳宪慧. 工业数据通信与控制网络[M]. 北京: 清华大学出版社, 2013.

[109] Fieldbus Foundation. FOUNDATION fieldbus system architecture(HI+HSE)[R]. Revision FFI. l, 2000.

[110] Fieldbus Foundation. FOUNDATION fieldbus HSE field device access agent[R]. Revision FFI. l, 2000.

[111] 刘丹, 于海滨, 王宏, 等. FFHSE 和 FFHI 协议网关的基本原理与实现[J]. 信息与控制, 2004, 33(6): 719-723.

[112] Anders H, Hanne W N. Mobile and wireless communications: Technologies, applications, business model sand diffusion[J]. Telematics and Informatics, 2009, 26(3): 223-226.

[113] 刘文斌. 炼焦生产过程无线网络控制系统设计及应用研究[D]. 长沙: 中南大学, 2009.

[114] 穆允生, 李胜欣. 焦炉综合自动控制系统应用与研究[J]. 山东冶金, 2005, 27(6): 156-159.

[115] 陈进, 周晓辉. 工业有轨作业机车自动定位控制[J]. 电气应用, 2006, 25(5): 65-68.

[116] 刘改贵, 刘清泉. 感应无线技术在焦炉车辆上的应用[J]. 燃料与化工, 2002, 33(4): 176-177.

[117]陈慎梅. 感应无线技术在焦化厂自控和管理系统中的应用燃料与化工[J]. 燃料与化工, 1994, (1): 30-34.

[118] 祝天龙. 基于无线感应的焦炉三车控制系统设计[J]. 河南机电高等专科学校学报, 2008, 16(3): 55-86.

[119] 马宏远. 钢铁工业中的无线遥控和计算机的无线数据通信[J]. 冶金自动化, 2000, 24(l): 23-27.

[120] 陈思. 面向产品设计的语义化知识服务关键技术研究[D]. 北京: 北京理工大学, 2015.

[121] Kim K Y, Manley D G, Yang H. Ontology-based assembly design and information sharing for collaborative product development [J]. Computer Aided Design, 2006, 38(12): 1233-1250.

[122] Li Z, Raskin V, Ramani K. Developing engineering ontology for information retrieval[J]. Computer and Information Science in Engineering, 2008, 8(1): 504-505.

[123] Setchi R, Tang Q, Stankov I. Semantic-based information retrieval in support of concept design[J]. Advanced Engineering Informatics, 2011, 25(2): 131-146.

[124] 尹奇韡. 基于语义 Web 的信息表达与语义化过程研究[D]. 杭州: 浙江大学, 2003.

[125] 欧阳杨. 教育语义网中基于本体的自适应学习系统建模[D]. 杭州: 浙江大学, 2008.

[126] 程应. 基于本体论及 RFID 的计算机产品信息建模及其应用研究[D]. 上海: 华东理工大学, 2012.

[127] Chen P. The entity-relationship model: Toward a unified view of data[C]//International Conference on Very Large Data Bases. ACM, 1975: 169-170.

[128] Object Management Group (OMG). Unified modeling language[EB/OL]. http: //www. uml. org , 2011.

[129] Zeng Y. Recursive object model (ROM)-Modeling of linguistic information in engineering design[J]. Computer in Industry, 2008, 59(6): 612-625.

[130] Antoniou G, Harmelen F V. A Semantic Web Primer[M]. Boston: The MIT Press, 2004.

[131] W3C. Resource description framework (RDF): Concepts and abstract syntax[EB/OL]. http:// www. w3. org/TR/rdf-concepts/, 2004.

[132] W3C. OWL web ontology language guide[EB/OL]. http: //www. w3. org/TR/owl-guide/, 2004.

[133] 文斌. 煤矿事故领域知识元及相关模型构建研究[D]. 北京: 中国矿业大学, 2013.

[134] 甘健侯, 姜跃, 夏幼明. 本体方法及其应用[M]. 北京: 科学出版社, 2011.

[135] 邓俊, 赖旭芝, 吴敏, 等. 基于神经网络和模拟退火算法的配煤智能优化方法[J]. 冶金自动化, 2007, 31(3): 19-23.

[136] 李玉珠. 基于 Web 的炼焦生产实时监控系统设计与实现[D]. 长沙: 中南大学, 2009.

[137] 胡玉茹. 基于性能评估的炼焦生产过程优化运行闭环控制系统设计[D]. 长沙: 中南大学, 2011.

[138] 蹇钊. 炼焦生产过程实时集中监视系统设计及其应用[D]. 长沙: 中南大学, 2008.

[139] 龚伟平. 炼焦生产集中监视系统设计与实现[D]. 长沙: 中南大学, 2009.

[140] 赵明高. 炼焦自动化监控系统及随车控制器的研究[D]. 大连: 大连理工大学, 2004.

[141] 董德智, 卓东风. ZigBee 技术在钢铁车间中的数据采集应用[J]. 山西电子技术, 2011, (5): 33-34.

[142] 刘瑞霞, 李春杰, 郭强, 等. 基于 ZigBee 网状网络的分簇路由协议[J]. 计算机工程, 2009, 35(3): 161-163.

[143] Compton M, Barnaghi P, Bermudez L, et al. The SSN ontology of the W3C semantic sensor network incubator group[J]. Web Semantics: Science, Services and Agents on the World Wide Web, 2012, 17(4): 25-32.

[144] Cano A E, Dadzie A S, Uren V, et al. Sensing presence (presense) ontology: User modelling in the semantic sensor web[C]//International Conference on the Semantic Web. Berlin: Springer-Verlag, 2012: 253-268.

[145] 赵云平. 基于 SSN 本体的传感数据服务系统的设计与实现[D]. 石家庄: 河北科技大学, 2015.

[146] 王兴超, 赵艳芳, 安红萍, 等. 物联网前端感知设备本体模型构建[J]. 云南大学学报(自然科学版), 2013, 35(s2): 84-91.

[147] 沈春山, 吴仲城, 蔡永娟, 等. 面向广泛互操作的传感数据模型研究[J]. 小型微型计算机系统, 2010, 31(6): 1046-1052.

[148] 施昭, 刘阳, 曾鹏, 等. 面向物联网的传感数据属性语义化标注方法[J]. 中国科学: 信息科学, 2015, 45(6): 739-751.

[149] Mize J, Habermann R T. Automating metadata for dynamic datasets[C]//Proceedings of IEEE Conference on the OCEANS. IEEE, 2010: 1-6.

[150] 赵荣娟, 王丹. 一种从关系数据库提取本体的方法[J]. 微电子学与计算, 2006, 23(z1): 116-118.

[151] 丁岚, 贾琦. 一种将关系数据库转换为 OWL 本体的方法[J]. 科技信息, 2011, (27): 209-210.

[152] 余霞, 刘强, 叶丹. 基于规则的关系数据库到本体的转换方法[J]. 计算机应用研究, 2008, 25(3): 767-770.

[153] 蒋翠清, 鲁俊. 从关系数据库构建语义丰富本体的方法[J]. 计算机应用研究, 2011, 28(8): 3018-3021.

[154] 韩婕, 向阳. 本体构建研究综述[J]. 计算机应用与软件, 2007, 24(9): 21-23.

[155] 张俊波. 本体库与数据库相融合的民族信息资源语义检索研究[D]. 昆明: 云南师范大学, 2014.

[156] 王晓琴. 炼焦工艺[M]. 北京: 化学工业出版社, 2004.

[157] 鞍山冶金专科学校. 冶金化学工艺学[M]. 北京: 冶金工业出版社, 1961.

[158] 中国冶金建设协会. 炼焦工艺设计规范[S]. 北京: 中国计划出版社, 2008.

[159] 姚昭章, 郑明东. 炼焦学[M]. 3 版. 北京: 冶金工业出版社, 2005.

[160] 张杰. 基于关系数据库的本体存储研究与实现[D]. 重庆: 重庆大学, 2012.

[161] Ehrig M, Sure Y. Ontology Mapping-An Integrated Approach[M]//The Semantic Web: Research and Applications. Berlin: Springer-Verlag, 2004: 76-91.

[162] 胡绍波. 基于语义相似度的本体映射方法研究[D]. 昆明: 云南师范大学, 2008.

[163] 肖文芳. 基于相似度计算的本体映射研究与实现[D]. 长沙: 中南大学, 2007.

[164] 刘春梅. 基于本体和规则推理的软件可信演化研究[D]. 重庆: 重庆大学, 2010.

[165] 潘超, 古辉. 本体推理机及应用[J]. 计算机系统应用, 2010, 19(9): 163-167.

[166] Horrocks I, Anglele J, Steffen D, et al. Where are the rules?[J].IEEE Intelligent System, 2003, 18(5): 76-83.

[167] 王艺, 王英, 原野, 等. 基于语义本体的柑橘肥水管理决策支持系统[J]. 农业工程学报, 2014, 30(9): 93-101.

[168] 朱颖. 基于语义技术的柑橘园土壤环境判定决策支持系统[D]. 重庆: 西南大学, 2014.

[169] 周明建, 廖强. 基于属性相似度的知识推送[J]. 计算机工程与应用, 2011, 47(32): 135-137.

[170] 夏跃龙. 多源异构民族信息资源知识融合算法研究[D]. 昆明: 云南师范大学, 2014.

[171] Hayes P. RDF semantics, W3C recommendation[EB/OL]. http: //www. w3. org/TR/REC-rdf-mt, 2004.

[172] Magkanaraki A, Karvounarakis G, Anh T T, et al. Ontology storage and querying[J]. Ics-forth Technical Report, 2002: 308.

[173] Slota M, Leite J, Swift T. On updates of hybrid knowledge bases composed of ontologies and rules[J]. Artificial Intelligence, 2015, 229: 33-104.

[174] Richard C, Chris B. Pubby[EB/OL]. http: //wifo5-03. informatik. uni-mannheim. de/pubby/, 2016.

[175] Apach B. The apache software foundation[EB/OL]. http: //jena. apache. org/, 2016.

[176] McBride B, Guha R. RDF vocabulary description language 1.0: RDF schema[J]. World Wide Web Consortium Reccommendation, 2004: 10.

[177] Carroll J J, Klyne G. Resource description framework(RDF): Concepts and abstract syntax[J]. World Wide Web Consortium Recommendation, 2004: 1-20.

[178] 吕小玲, 王鑫, 冯志勇, 等. MPPIE: 基于消息传递的 RDFS 并行推理框架[J]. 计算机科学与探索, 2016, 10(4): 451-465.

[179] Neumann T, Weikum G. Scalable join processing on very large RDF graphs[C]// ACM SIGMOD International Conference on Management of Data. ACM, 2009: 627-639.

[180] 杜小勇, 王琰, 吕彬. 语义 Web 数据管理研究进展[J]. 软件学报, 2009, 20(11): 2950-2964.

[181] 朱敏, 程佳, 柏文阳. 一种基于 HBase 的 RDF 数据存储模型[J]. 计算机研究与发展, 2013, 50(s1): 23-31.

[182] 顾荣, 王芳芳, 袁春风, 等. YARM: 基于 MapReduce 的高效可扩展的语义推理引擎[J]. 计算机学报, 2015, 38(1): 74-85.

[183] 王世醒. 基于 MapReduce 的大规模 RDF 图并行推理方法研究[M]. 南昌: 南昌大学, 2014.

[184] 汪锦岭, 金蓓弘, 李京. 一种高效的 RDF 图模式匹配算法[J]. 计算机研究与发展, 2005, 42(10): 1763-1770.

[185] Dean J, Ghemawat S. MapReduce: Simplified data processing on large clusters[J]. Communications of the ACM, 2008, 51(1): 107-113.

[186] Sun J, Jin Q. Scalable RDF store based on HBase and MapReduce [C]// International Conference on Advanced Computer Theory and Engineering. IEEE, 2010, V1: 633-636.

[187] 覃雄派, 王会举, 杜小勇, 等. 大数据分析——RDBMS 与 MapReduce 的竞争与共生[J]. 软件学报, 2012, 23(1): 32-45.

[188] Bonstrom V, Hinze A, Schweppe H. Storing RDF as a graph[C]//Proceedings of the First Conference on Latin American Web Congress. IEEE, 2003: 27-36.

[189] Heino N, Pan J Z. RDFS Reasoning on Massively Parallel Hardware[M]. Berlin: Springer-Verlag, 2012: 133-148.

[190] He B, Fang W, Luo Q, et al. Mars: A MapReduce framework on graphics processors[C]// International Conference on Parallel Architectures and Compilation Techniques. ACM, 2008: 260-269.

[191] 杜方, 陈跃国, 杜小勇. RDF 数据查询处理技术综述[J]. 软件学报, 2013, (6): 1222-1242.

[192] Kovoor G, Singer J, Lujan M. Building a Java Map-Reduce framework for multi-core architecture[J]. Proceedings of Multiprog, 2010: 87-98.

[193] 王显昌. 基于模糊规则的知识发现与表示研究[D]. 大连: 大连理工大学. 2015.

[194] Liu X. A new mathematical axiomatic system of fuzzy sets and systems[J]. International Journal of Fuzzy Mathematics, 1995, 3: 559-560.

[195] Liu X. The fuzzy theory based on AFS algebras and AFS structure[J]. Journal of Mathematical Analysis and Applications, 1998, 217: 459-478.

[196] Liu X, Feng X, Pedrycz W. Extraction of fuzzy rules from fuzzy decision trees: An axiomatic fuzzy sets (AFS) approach[J]. Data & Knowledge Engineering, 2013, 84: 1-25.

[197] Liu X, Pedrycz W. AFS Theory and its Applications[M]. Berlin: Springer-Verlag, 2009.

[198] Liu X, Chai T, Wang W, et al. Approaches to the representations and logic operations of fuzzy concepts in the framework of axiomatic fuzzy set theory I[J]. Information Sciences, 2007, 177(4): 1007-1026.

[199] 段晓东, 李泽东, 王存睿, 等. 基于 AFS 的多民族人脸语义描述与挖掘方法研究[J]. 计算机学报, 2016, 39(7): 1435-1449.